AF544195

EUL
VERLAG

Reihe: Marketing, IT und Social Media · Band 10

Herausgegeben von Prof. Dr. Stefanie Regier, Karlsruhe

Tobias Kopp

Dr. Jürgen Schöchlin

Der intelligente Hausschuh im blauen Ozean

Eine empirische Untersuchung zur Markteinführung eines innovativen altersgerechten Assistenzsystems

Mit einem Geleitwort von Prof. Dr. Dieter Hertweck, Hochschule Heilbronn

Bibliografische Information der Deutschen Nationalbibliothek

Die Deutsche Nationalbibliothek verzeichnet diese Publikation in der Deutschen Nationalbibliografie; detaillierte bibliografische Daten sind im Internet über <http://dnb.d-nb.de> abrufbar.

ISBN 978-3-8441-0347-2
1. Auflage August 2014

JOSEF EUL VERLAG GmbH
Brandsberg 6
53797 Lohmar
Tel.: 0 22 05 / 90 10 6-6
Fax: 0 22 05 / 90 10 6-88
E-Mail: info@eul-verlag.de
http://www.eul-verlag.de

Bei der Herstellung unserer Bücher möchten wir die Umwelt schonen. Dieses Buch ist daher auf säurefreiem, 100% chlorfrei gebleichtem, alterungsbeständigem Papier nach DIN 6738 gedruckt.

Geleitwort

Die Überalterung der Gesellschaft in Folge hoher Geburtenraten in den Nachkriegsgenerationen, stellen die im Erwerbsleben stark geforderten Kindergeneration vor große Herausforderungen, die mit dem Älterwerden ihrer eigenen „Babyboomer Generation“ für die nachfolgende Generationen X noch weiter zunehmen wird. Eine immer kleiner werdende Gesellschaft gut qualifizierter Menschen muss bei starkem Geburtenrückgang künftig zweimal so produktiv arbeiten, um den derzeitigen Wohlstand halten zu können. Dies führt zur weiteren Arbeitszeitverdichtung und noch weniger Möglichkeiten, sich um die alternden Eltern kümmern zu können. Da das deutsche Pflegesystem mit der demographischen Entwicklung und den daraus resultierenden Anforderungen bisher qualitativ nicht Schritt halten konnte, ist es das Bestreben des Großteiles der Betroffenen, so lange als möglich autonom in ihrem häuslichen Kontext leben zu können. In dieser Logik könnte man meinen, dass sich Systeme und Technologien, die dieses Ansinnen unterstützen, einer großen Nachfrage erfreuen (geschätztes Marktvolumen 83 Mrd. €) – das Gegenteil ist der Fall.

Die Studie von Tobias Kopp und Dr. Jürgen Schöchlin widmet sich den möglichen Potenzialen sogenannter Ambient Assisted Living (AAL) Technologien, d.h. in den Lebenskontext älterer Menschen integrierter, unaufdringlicher Technologien, wie man sie z.B. von nicht sichtbaren Hörgeräten oder anderen Unterstützungssystemen kennt. Im konkreten Fall widmet sich die Studie der Evaluation eines Systems namens „FamilyNet“. Es ermöglicht den Betroffenen – in Abstimmung und mit Unterstützung von Familienangehörigen – die Phase selbstbestimmten Lebens im häuslichen Kontext signifikant zu verlängern. Dabei werden Mobilitätsdaten und Bewegungsprofile von „intelligenten Hausschuhen“ in Echtzeit aufgezeichnet und nach Mustern ausgewertet, die den Gesundheitszustand und -verlauf ihrer Träger wiedergeben. In empirisch selten vorkommenden Akutsituationen (Sturz) verständigt das System die Angehörigen oder einen Notfallservice telefonisch. Viel interessanter ist aber die gesundheitserhaltende, intelligente Assistenz, die in FamilyNet steckt, welche z.Zt. keines der relativ simpel aufgebauten Notruftelefone nur ansatzweise bietet.

Selbst wenn Sie sich nicht für AAL Systeme interessieren, ist die Studie ein „Muss“ für jeden am Thema Potenziale neuer Technologien für eine alternde Gesellschaft Interessierten. Sie zeigt anhand einer extrem fundierten, empirischen Basis (n=256 repräsentativ Befragte) wesentliche Kooperationsbeziehungen im Ökosystem zwischen älteren Menschen, Familienangehörigen, Pflege-/Gesundheitsakteuren und Unterstützungstechnologien auf. Ein Thema, das in

Zukunft weiter an Brisanz gewinnen und das soziale und wirtschaftliche Gleichgewicht unserer Gesellschaft stark beeinflussen wird. Ich wünsche dem Buch von Kopp/Schöchlin die ihm gebührende weite Verbreitung.

Heilbronn, im Juli 2014 Prof. Dr. Dieter Hertweck

Vorwort

Mit einem Thema aus dem Bereich des Gesundheitswesens gehört man als Wirtschaftsinformatik-Absolvent an der Hochschule Karlsruhe eher zu den Exoten. Die meisten Abschlussarbeiten konzentrieren sich auf klassischere Themenfelder wie das Finanzwesen oder die Software-Entwicklung. Dennoch habe ich mich bereits während meines Bachelor-Studiums für eine thematische Hinwendung zum Gesundheitssektor entschlossen.

In meiner Bachelor-Thesis entwarf ich ein IT-Konzept für Arztpraxen[1] und wollte die gewonnene Expertise auch unter Hausärzten verbreiten. Ich startete in freiberuflicher Tätigkeit mit meiner „IT-Praxisberatung“ und stellte fest, dass es ein sehr schwieriges Unterfangen war, das Interesse der Ärzteschaft hierfür zu wecken. Dabei verfolgte ich durchaus hehre Absichten: Das Ziel war keine rigide Personalreduktion zugunsten der IT. Es ging vielmehr darum, dem Arzt organisatorische und administrative Tätigkeiten abzunehmen, damit ihm mehr Zeit für die Versorgung seiner Patienten zur Verfügung steht. Obwohl allerorten die Notwendigkeit einer effizienteren Gesundheitsversorgung betont wird, hatte ich in meinen persönlichen Erfahrungen eher den Eindruck, es bräuchte hierfür noch eine ausgedehnte Werbekampagne.

Eine solche braucht sicher auch das Produkt, das im Mittelpunkt der vorliegenden Publikation steht. Es soll Senioren und deren Angehörigen mehr Sicherheit bieten und sie somit in ihrem Lebensalltag unterstützen. Die zugleich effiziente und menschenwürdige Unterstützung älterer Menschen stellt angesichts des demografischen Wandels zweifelsohne eine große Herausforderung dar. Doch auch während der Anfertigung dieser Arbeit zeigten sich gewisse Ressentiments gegenüber modernen, IT-gestützten Lösungen, die herbei einen wichtigen Beitrag leisten können. Letztlich stellt sich mir daher die berühmte Frage nach der Henne und dem Ei: Interessiert sich die Wirtschaftsinformatik nicht für das Gesundheitswesen oder interessiert sich das Gesundheitswesen nicht für die Wirtschaftsinformatik?

Aus meiner Sicht wäre es sehr zu wünschen, dass sich diese beiden Branchen aufeinander zubewegen. Dazu bedarf es sicher Schritte der Annäherung auf beiden Seiten. Die Vertreter des Gesundheitswesens sollten Veränderungen offener begegnen und die Möglichkeiten oder schlicht die Notwendigkeit des IT-Einsatzes anerkennen. Wünschenswert wäre es aber auch, dass sich die Vertreter der IT-Branche einer stärkeren Orientierung an den Bedürfnissen der

1 Ebenfalls im Eul-Verlag veröffentlicht unter ISBN 978-3844101447.

Endnutzer verschreiben und anerkennen, dass Zuverlässigkeit und Einfachheit für den Anwender oft höchste Priorität haben. Es mag heutzutage vielen technikverliebten und verspielten IT-Experten noch schwer fallen, einzusehen, dass sie ihre Produkte nicht nur für ebenso technikaffine und -erfahrene Menschen entwickeln. Eine Art der „Völkerverständigung" würde meiner Meinung nach beiden Branchen sehr guttun.

Im Folgenden möchte ich nun die Gelegenheit nutzen, mich bei all denjenigen Menschen zu bedanken, die mich während meines Studiums und bei der Erstellung dieser Master-Thesis unterstützt haben.

Zuerst möchte ich mich bei der Baden-Ambulanz 42 gGmbH bedanken, die den erforderlichen Rahmen für die Erstellung der Thesis schuf. Insbesondere gilt mein Dank in diesem Zusammenhang meinem betrieblichen Betreuer, Herrn Dr. Jürgen Schöchlin, aber auch den Projektpartnern der Xybermind GmbH für die konstruktive Zusammenarbeit.

Ein ganz besonderer Dank geht an alle Personen, die sich im Rahmen meiner empirischen Forschung bereitwillig für Befragungen zur Verfügung stellten und mit ihrer geduldigen Beantwortung meiner Fragen maßgeblich zum Erfolg der Studie beitrugen.

Mein großer Dank geht an Frau Prof. Dr. Stefanie Regier für die intensive und fachkundige Betreuung dieser Master-Thesis, die den Rahmen der gewöhnlichen Betreuungsleistung überstieg. Bei Herrn Prof. Dr. Andreas-Peter Schmidt bedanke ich mich für die Übernahme der Zweitbetreuung.

Ferner bedanke ich mich bei allen Professoren der Hochschule Karlsruhe, die sich für studentische Belange eingesetzt haben, denen eine gute Lehre nicht nur eine Verpflichtung, sondern ein persönliches Anliegen war und die mich während meiner Studienzeit gefördert haben.

Ebenso gilt mein Dank meinen ehemaligen Kommilitonen, die ich als Projektpartner und Weggefährten während meines Studiums sehr schätzen gelernt habe. Stellvertretend möchte ich an dieser Stelle meinen besonders treuen und engen Begleitern Tom Seidel und Marc „Schwoob" Kohaupt danken. Im Zusammenhang mit der Erstellung meiner Thesis danke ich meinen studentischen Korrektoren und hierbei insbesondere Steffi Mannheim für ihren engagierten Einsatz.

Ferner bedanke ich mich bei meinen Eltern, die es mir durch ihren mentalen und finanziellen Rückhalt ermöglicht haben, mich mit vollen Kräften auf mein Studium und die Erstellung dieser Thesis zu konzentrieren.

Für ihre treue Freundschaft, all die Unterstützung in den vergangenen Jahren und den bedingungslosen Rückhalt danke ich von ganzem Herzen meinen lieben Freunden Stephan „Stoppel" Sobiesinsky und Johannes Vollmer.

Karlsruhe, im Juli 2014 Tobias Kopp

Inhaltsverzeichnis

Abbildungsverzeichnis

Tabellenverzeichnis

Abkürzungsverzeichnis

AAL .... Ambient Assisted Living
AAL JP .... Ambient Assisted Living Joint Programme
ASB .... Arbeiter-Samariter-Bund
AWO .... Arbeiterwohlfahrt
BMBF .... Bundesministerium für Bildung und Forschung
BMFSFJ .... Bundesministerium für Familie, Senioren, Frauen und Jugend
DRK .... Deutsches Rotes Kreuz
EU .... Europäische Union
GfK .... Gesellschaft für Konsumforschung
GPS .... Global Positioning System
HANS .... Häuslich Assistierte Notruf Sensoren
HNR .... Hausnotruf
ISTAG .... European Union's Information Society Technologies Program Advisory Group
IT .... Informationstechnik, auch: Informationstechnologie
IuK .... Information und Kommunikation
KMU .... kleine und mittlere Unternehmen
LKB .... leichte kognitive Beeinträchtigung
MDK .... Medizinischer Dienst der Krankenkassen
sentha .... seniorengerechte Technik im häuslichen Alltag
TIA .... transitorische ischämische Attacke
VDE .... Verband der Elektrotechnik, Elektronik und Informationstechnik

1 Chancen und Schwierigkeiten für Innovationen im AAL-Markt

Die kinderreichen Nachkriegsgenerationen stehen kurz vor dem Eintritt ins Rentenalter, die Gesellschaft überaltert, die Kosten für das Gemeinwesen steigen, pflegende Angehörige stehen begrenzter zur Verfügung und schon heute fehlen professionelle Pflegekräfte.[2] Der Bedarf an effizienteren Formen der Pflege älterer Menschen ist in aller Munde und hat in Kombination mit den notwendigen technologischen Fortschritten ein neues Forschungsgebiet namens *Ambient Assisted Living* (AAL) geschaffen. Aufgrund der beschriebenen Umstände sollte der Markt mit den altersgerechten Assistenzsystemen boomen, tut er aber nicht.

Die Branche lockt potenzielle Anbieter für altersgerechte Assistenzsysteme seit einigen Jahren mit hohen Marktpotenzialen. Vor dem Hintergrund des demografischen und sozialen Wandels in der deutschen Gesellschaft wird davon ausgegangen, dass die Senioren als eine der einflussreichsten Konsumentengruppen die Marktgegebenheiten maßgeblich prägen werden.[3] In der Presse kursieren Schätzungen, die das Umsatzpotenzial für AAL-Produkte auf 87 Mrd. Euro beziffern. Es ist nicht verwunderlich, dass zahlreiche Unternehmen ob dieser Summen auf das Themengebiet aufmerksam wurden und sich eine attraktive Marktposition sichern wollen.[4]

Doch bisher bleiben die Berechnungen über das Marktpotenzial vorwiegend Zahlenspiele. Während in der Forschung das Thema AAL eine große Rolle spielt, gelingt kaum einem Produkt der Durchbruch auf dem kommerziellen AAL-Markt. Als wäre die Markteinführung technologisch neuartiger Produkte nicht schon herausfordernd genug,[5] gilt es im Bereich AAL, zahlreiche weitere Barrieren zu überwinden. Die Senioren erweisen sich als schwer zugängliche Zielgruppe, die mit dem abstrakten, fremdsprachlichen und stigmatisierenden Begriff *Ambient Assisted Living* noch zusätzlich abgeschreckt wurde.[6] In der Konsequenz ist der theoretisch so attraktive Markt bisher noch schwach ausgebildet und schwer zugänglich.[7] Die Erschließung der enormen Potenziale bleibt bis dato Zukunftsmusik.

---

2 Vgl. hierzu Kapitel 2.1.2 und 3.4.3.
3 Vgl. Knaup-Gregori et al. 2012: S. 13.
4 Vgl. Gast 2013: S. 1 ff.
5 Vgl. Vahs et al. 2012: S. 393.
6 Vgl. Gast 2013: S. 5.
7 Vgl. Rode-Schubert 2012: S. 18 ff.

Das Start-up-Unternehmen Xybermind GmbH startet nun mit der innovative AAL-Produktlösung *FamilyNet*[8] den ambitionierten Versuch, es besser zu machen als die vielen anderen Produkte zuvor. Im Rahmen dieser Studie soll geklärt werden, wie gut die Chancen dafür stehen, dass es tatsächlich gelingt, *FamilyNet* zu einem erfolgreichen Produkt auf dem schwierigen AAL-Markt zu machen. Konkret hat die vorliegende Arbeit das Ziel, die Marktakzeptanz von *FamilyNet* zu evaluieren und zu optimieren, um die existierenden Hürden zu überwinden und Marktpotenziale zu erschließen.

Das Thema dieser Arbeit adressiert damit Fragestellungen, die in der wissenschaftlichen Literatur bisher nur in geringem Umfang behandelt worden sind. Dies bezieht sich sowohl auf generelle Markteinführungsaktivitäten als auch AAL-spezifische Aspekte. Neben dieser theoretischen Forschungslücke ist die praktische Überwindung der Innovationsbarrieren im AAL-Markt bisher nur wenigen Produkten gelungen. Daher gilt es, praktisch anwendbare, erfolgversprechende Strategien für eine Markteinführung des konkret betrachteten Produkts zu entwickeln. Die Einzigartigkeit des Forschungsauftrags ergibt sich durch den innovativen Charakter des betrachteten Produkts.

Wie Kuhn (2007) feststellt, wurden in bisherigen Forschungsarbeiten die Determinanten für den Erfolg einer Markteinführung nur unzureichend untersucht. Zwar liegen Informationen über einzelne Einflussfaktoren vor, allerdings wird die Markteinführung selten als ganzheitliches Phänomen betrachtet.[9] Es mangelt an umfassenden Konzepten, welche nicht nur einzelne Aspekte aufgreifen, sondern sämtliche Erfolgsfaktoren integrieren.[10]

Vorhandene Literatur zum Innovationsmanagement und zur Unterstützung von Markteinführungen bezieht sich häufig auf innerbetriebliche Hürden und die Bearbeitung des Marktes mit erheblichen finanziellen Mitteln. Dabei fehlt es an dienlichen Informationen für ein Start-up-Unternehmen, das nur über begrenzte finanzielle Ressourcen verfügt. Darüber hinaus gibt es kaum spezifische Informationen, die sich dediziert auf den Gesundheitsmarkt beziehen.

Gerade im AAL-Bereich beschäftigen sich viele Forschungsvorhaben mehr mit der Produkterstellung als mit der Markteinführung. Während die technologische Basis, die Architektur und insbesondere die Anforderungen für die Produktkonzeption ausführlich thematisiert werden,

---

8 Bei der Bezeichnung handelt es sich um den gegenwärtigen Arbeitstitel für das Produkt.
9 Vgl. Kuhn 2007: S. 4.
10 Vgl. Kuhn 2007: S. 35.

gibt es zu den letzten Gliedern der Wertschöpfungskette wie Marketing und Vertrieb nur wenige Untersuchungen.

Zwar wird die durch Studien indizierte Bedeutung der Angehörigen beim Kaufentscheidungsprozess erwähnt, allerdings richten sich die wenigen Empfehlungen zur richtigen Produktkommunikation auf seniorenspezifische Gegebenheiten. Hier mangelt es besonders an einem integrativen Markteinführungskonzept, das neben den Unterstützungsbedürftigen vor allem auch deren Unterstützer als wichtige Institutionen bei der Kaufentscheidung betrachtet.

Gerade im AAL-Umfeld liegen zahlreiche Forschungsarbeiten vor, die nur schwer zu überblicken sind und verschiedene Aspekte thematisieren. Häufig werden Begrifflichkeiten sehr unterschiedlich verwendet und Sachverhalte verschiedenartig aufgearbeitet, sodass das Literaturangebot zusammenfassend als uneinheitlich und einer Konsolidierung bedürftig bewertet werden kann.

Diese Master-Thesis soll einen Beitrag zur Schließung dieser Forschungslücke leisten, indem sie sich ganzheitlich mit der Markteinführung eines AAL-Produktes beschäftigt. Sie gliedert sich in einen literaturbasierten Teil, in welchem theoretische Grundlagen geschaffen werden, und einen empirischen Teil, der sich auf das Produkt *FamilyNet* fokussiert. Insgesamt bietet die Master-Thesis ein aus methodischer Sicht potenziell interessantes Exempel für die literaturbasierte und empirische Untersuchung sowie Unterstützung eines Markteinführungsprozesses.

Der Grundlagenteil dieser Studie (Kapitel 2) beschäftigt sich zum einen mit Themen rund um Innovationsmanagement sowie Markteinführungsprozesse und stützt sich hierbei auf einschlägige Fachliteratur. Zum anderen werden die grundlegenden Begrifflichkeiten und Entwicklungen im Bereich AAL dargelegt. Darauf aufbauend wird der Status Quo auf dem Markt für AAL-Produkte und -Dienstleistungen erfasst und analysiert (Kapitel 3), um ein umfassendes Verständnis der dortigen Gegebenheiten zu erlangen und Diffusionshemmnisse zu identifizieren, die im Rahmen der geplanten Markteinführung als kritisch zu erachten sind. Die theoretischen Grundlagen in den Kapiteln zwei und drei können als Überblick für verschiedene Akteure auf dem AAL-Markt von Interesse sein.

Im vierten Kapitel beginnt der empirische Teil der Master-Thesis mit einer ausführlichen Beschreibung des grundlegenden Forschungsdesigns und der Produktinnovation als Untersuchungsobjekt. Daran anschließend werden die aus der Primärmarktforschung gewonnenen Erkenntnisse beschrieben. Durch die Zusammenführung dieser empirischen Erkenntnisse mit den

Ergebnissen der Literaturarbeit kann anschließend eine Bewertung der zu erwartenden Marktakzeptanz für das Produkt vorgenommen und Handlungsimplikationen für den Markteinführungsprozess abgeleitet werden (Kapitel 5).

Abschließend wird im Rahmen der Zielkontrolle bewertet, inwiefern das angestrebte Vorhaben umgesetzt werden konnte und welche potenziellen Betätigungsfelder sich für weiterführende Aktivitäten im Rahmen künftiger Studien anbieten (Kapitel 6).

Obwohl insbesondere das vierte Kapitel stark auf das konkrete Produkt zugeschnitten ist, kann die Methodik der Primärmarktforschung für verschiedene Produktanbieter oder Dienstleister, die in den AAL-Markt vordringen möchten, von Interesse sein. Die gewonnenen Erkenntnisse lassen sich teilweise auf ähnliche Produkteinführungen adaptieren und bieten somit eine Sammlung empirisch basierter Empfehlungen für Markteinführungen von AAL-Produkten.

2 Theoretische Grundlagen

2.1 Ambient Assisted Living (AAL)

2.1.1 Begriffsdefinition

Eine allgemein anerkannte Definition für den Begriff *Ambient Assisted Living* existiert nicht. Durch die Unschärfe der gängigen Definitionen fällt insbesondere die Grenzziehung zwischen neuartigen AAL-Anwendungen und klassischen Hilfsmitteln wie Rollatoren oder Hörgeräten schwer.[11] Die Heterogenität der Produkte, die unter dem Begriff AAL zusammengefasst werden, gilt als problematisch. Dies liegt u.a. darin begründet, dass sich die verschiedenen Anwendungen teilweise massiv in ihrer technologischen Komplexität unterscheiden.[12]

Grundsätzlich ermöglichen AAL-Systeme die „situationsabhängige, unaufdringliche und somit nicht stigmatisierende Unterstützung von Menschen mit besonderen Bedürfnissen im Alltag."[13] Sie sollen „insbesondere Senioren befähigen, altersbedingte Einschränkungen weitgehend zu kompensieren."[14] Als ambiente Technologien werden laut Begriffsdefinition der European Union's Information Society Technologies Program Advisory Group (ISTAG) „sämtliche Informations- und Kommunikationstechnologien bezeichnet, die selbstständig Informationen erfassen und verwerten können, um den Nutzer aus der Umgebung heraus aktiv zu unterstützen."[15] Wessig (2011) charakterisiert AAL-Systeme ferner durch die Eigenschaft, dass sie nicht bedient werden müssen, sondern selbstständig eine aktive Unterstützung bieten.[16] Nach Bick (2008) kennzeichnen sich ambiente Systeme dadurch, dass sie Geräte vernetzen, spezifische Situationen erkennen, sich an den individuellen Bedürfnissen des Nutzers orientieren, diese selbstständig antizipieren und sich flexibel an Erfordernisse anpassen.[17]

---

11 Vgl. BMBF/VDE Innovationspartnerschaft AAL 2011a: S. 12.
12 Vgl. Theussig 2012: S. 17 [Online im Internet].
13 Knaup-Gregori et al. 2012: S. 13.
14 Knaup-Gregori et al. 2012: S. 13.
15 Bick et al.: S. 5.
16 Vgl. Wessig 2011: S. 71.
17 Vgl. Bick et al.: S. 4.

2.1.2 Triebkräfte

Neben den technologischen Fortschritten, welche die Voraussetzungen für AAL-Systeme schufen, waren die demografische Entwicklung und der soziale Wandel in Deutschland entscheidende Triebkräfte für das Entstehen des Themenfeldes AAL.

Die Brisanz des demografischen Wandels ergibt sich dadurch, dass der Anteil der Personen im Rentenalter (ab 65 Jahren) an der Gesamtbevölkerung künftig stark steigen wird, während der Anteil junger Menschen stagniert. Da erwerbsfähige Personen im Sinne des Solidarsystems und des Generationenvertrags die Renten finanzieren, wird die Pro-Kopf-Last für Personen im erwerbsfähigen Alter stark steigen.[18] Ein besonders drastischer Anstieg wird sich in den Jahren 2020 bis 2040 vollziehen, wenn die geburtenstarken 1960er-Jahrgänge des sog. Baby-Booms allmählich das Rentenalter erreichen. Danach schreitet die Zunahme der Belastung wieder deutlich langsamer voran.[19]

Der soziale Wandel bedingt in erster Linie ein zunehmendes Interesse an alternativen, seniorengerechten Wohnformen sowie eine Zunahme von Ein- und Zweipersonenhaushalten, die laut Expertenmeinung eher AAL-Produkte nachfragen.[20] Ferner führt der soziale Wandel zu einem Mangel an familialen Pflegeressourcen. Momentan wird die ambulante Pflege großteils von Angehörigen übernommen.[21] Da die moderne Berufswelt eine höhere örtliche Flexibilität fordert, wird familiäre Pflege zukünftig eingeschränkter möglich sein.[22] Der resultierende Mangel an familialen Pflegeressourcen wird weiter verstärkt durch sinkende Kinderzahlen und die stärkere Erwerbsbeteiligung der Frauen.[23] Ferner rechnen Experten damit, dass die Bereitschaft von Familienangehörigen zur häuslichen Pflege der entsprechenden Senioren abnehmen und das entstehende Defizit durch professionelle, pflegerische Dienstleistungen kompensiert wird.[24] Allerdings mangelt es auch heute schon an professionellen Pflegekräften zur Übernahme dieser Tätigkeiten.[25]

---

18 Vgl. Statistisches Bundesamt 2009: S. 19.
19 Statistisches Bundesamt 2009: S. 20.
20 Vgl. Fachinger et al. März 2012: S. 9.
21 Vgl. Lüdecke et al. 2009: S. 6.
22 Vgl. aproxima GmbH et al. 2010: S. 13 [Online im Internet].
23 Vgl. Alber et al. 2004: S. 43.
24 Vgl. Meyer: S. 12.
25 Bohsem et al. [Online im Internet].

2.1.3 Klassifikation von Anwendungen

Momentan werden unter dem AAL-Begriff zahlreiche, unterschiedliche Anwendungen subsummiert. Um einen Überblick zu gewinnen und diese vergleichen zu können, bedarf es der Entwicklung eines einheitlichen Klassifikationsschemas.[26] Trotz unterschiedlicher Versuche gibt es bis dato keinen übergreifenden Konsens. Typischerweise werden die AAL-Produkte anhand ihres Einsatzbereichs, ihrer Komplexität oder der adressierten Branche klassifiziert.

Die folgende Darstellung ordnet AAL-Anwendungen typischen Einsatzbereichen zu und ist als Zusammenführung der Ansätze verschiedener Autoren[27] zu verstehen. Die Einsatzbereiche eins bis vier finden sich in den allermeisten Publikationen wieder.

	Einsatzbereich lt. Loeschcke et al. (2012)[28]	**Nutzen lt. Mühlbacher et al. (2010)**[29]
1	Gesundheit & Wohlbefinden	Effizientere Gesundheitsversorgung mit besserer Diagnose und Prävention
2	Sicherheit & Privatsphäre	Höhere Sicherheit und besserer Schutz der Privatsphäre
3	Versorgung & Haushalt	
4	Soziales Umfeld & Kommunikation	Teilnahme am normalen Leben / Vermeidung von sozialer Isolation
5	Autonomie	Länger selbstständig leben
6	Energie-Management (Smart Metering)	

Tabelle 1: Auflistung der Einsatzbereiche und des jeweiligen Nutzens von AAL-Systemen

Fachinger et al. (2012) klassifizieren AAL-Systeme[30] anhand deren Komplexität und Intelligenz in verschiedene Generationen. Auch in BMBF/VDE Innovationspartnerschaft AAL (2011a) unterscheiden die Autoren AAL-Produkte anhand der Kompetenzen des Systems. Obwohl die Begrifflichkeiten stark voneinander abweichen, überdecken sich die Merkmale der jeweiligen Kategorien. Begrifflichkeiten und Merkmale werden in folgender Tabelle zusammengeführt.

---

26 Vgl. BMBF/VDE Innovationspartnerschaft AAL 2011a: S. 41.

27 Z.B. in BMBF/VDE Innovationspartnerschaft AAL 2011a: S. 13 ff. oder in Knaup-Gregori et al. 2012: S. 10.

28 Vgl. Loeschcke et al. 2012: S. 26 f., zitiert nach: Theussig: S. 1 f. [Online im Internet].

29 Vgl. Mühlbacher et al. 2010. Zitiert nach: Rode-Schubert 2012: S. 8 f.

30 Die Klassifikation von Fachinger et al. erfolgt nach Angaben der Autoren in Anlehnung an Demiris et al. 2008, Meyer et al. 2010 sowie Strese et al. 2010.

Bezeichnung gem. Quelle 1[31]	Bezeichnung gem. Quelle 2[32]	Merkmale (zusammengeführt und ergänzt)
1. Generation	Assistive Geräte	• Verstärkung physischer Fähigkeiten • keine eigene Intelligenz • teilweise ohne elektronische Komponenten • Bsp.: Lupe, Rollator, Hörgerät
2. Generation	AAL i.w.S.	• Bereitstellung von Informationen • Austausch von Informationen • ohne Interpretation und Aktion • Bsp.: Hausnotruf-System
3. Generation	AAL i.e.S.	• eigenständige Interpretation von Daten • kontextspezifische Reaktion • integrierte IT-Systeme • Bsp.: Identifikation und automatische Behebung von Gefahrensituationen (z.B. durch Herd-Abschaltung)

Tabelle 2: Konsolidierte Klassifizierung von AAL-Systemen nach Komplexität

Im engeren Begriffsverständnis von AAL würde allerdings nur die 3. Generation die in der Definition aufgeführten Charakteristika ambienter Systeme erfüllen.

Das Gros der Veröffentlichungen zum Thema AAL konzentriert sich auf ältere Menschen als Zielgruppe und hat in erster Linie Anwendungen aus dem Bereich *Gesundheit & Wohlbefinden* im Fokus. AAL-Anwendungen sind allerdings nicht per Definition ausschließlich für den Einsatz im Zusammenhang mit der Unterstützung älterer Menschen bestimmt. Daher ist auch eine Klassifikation anhand der adressierten Branche möglich:[33]

- Automobilsektor: Smart Car
- Immobilien: Smart Home
- Energie: Smart Metering
- Elektronik: Smart Electronics
- Gesundheit: Smart & Connected Health Care
- Telekommunikation: Smart Grid

---

31 Vgl. Fachinger et al. März 2012: S. 5.
32 Vgl. BMBF/VDE Innovationspartnerschaft AAL 2011a: S. 12.
33 Vgl. Rode-Schubert 2012: S. 2 f.

Bis dato findet die konsequente Anwendung von AAL-Produkten in erster Linie im Automobilsektor statt.

Da das in dieser Studie untersuchte Produkt dem Gesundheitsmarkt zugeordnet wird, findet keine explizite Betrachtung der anderen Branchen statt.

2.1.4 Internationaler Vergleich

Während AAL-Systeme in Deutschland erst 2004 in den Fokus der Politik und der Forschung rückten, ist die Thematik besonders in Amerika und Japan schon länger präsent. In den USA sind AAL-Systeme bereits zum Bestandteil des Lebensalltags von Senioren und Angehörigen geworden.[34] Große Technologiekonzerne wie Intel oder General Electric investierten mehrere hundert Millionen Dollar in den AAL-Markt.[35]

Japan hat im High-Tech-Bereich eine Vormachtstellung inne. AAL-Systeme verfügen dort über eine lange Tradition.[36] Da der Baby-Boom nach dem Zweiten Weltkrieg in Japan früher als anderswo begann, wurde der Inselstaat entsprechend eher und härter vom demografischen Wandel getroffen. Eine besonders niedrige Geburtenrate und fehlende Zuwanderung trugen hierzu ebenfalls bei.[37] Deshalb forciert die Politik schon seit den 70er-Jahren die Entwicklung technologischer Lösungen. Bereits seit den 90er-Jahren werden Probe- und Testserien (teils zur kostenlosen Nutzung) auf dem Markt angeboten.[38] Durch den in Japan üblichen, modularen Wohnbau unter Verwendung industriell gefertigter Wohnteile können AAL-Systeme dynamisch und sukzessive in die Wohnumgebung integriert werden.[39]

In Schottland wurde bereits im letzten Jahrzehnt ein Feldversuch gestartet, im Rahmen dessen 2.000 Haushalte mit Sensorik versehen wurden. Dies führte zu einer Reduktion der durchschnittlichen Aufenthaltsdauer in Pflegeheimen von 38 auf unter zehn Monate. Die technische Betreuung der verbauten Sensoren kostet nur halb so viel wie die stationäre Unterbringung des Bewohners in einem Pflegeheim. Eine Projektion der Versuchsergebnisse auf Deutschland ist allerdings nur begrenzt möglich. Die in Schottland verbaute Technologie verursachte nur 13,5 % der Gesamtausgaben im Rahmen des Projekts. Das größte Investitionsvolumen war notwendig zur Schulung von Pflegern und Ärzten sowie zur Errichtung von Servicezentren. In

34 Vgl. BMBF/VDE Innovationspartnerschaft AAL 2011a: S. 27.
35 Vgl. Wessig 2011: S. 75.
36 Vgl. Linner et al. 2011.
37 Vgl. Gillert [Online im Internet].
38 Vgl. Linner et al. 2011.
39 Vgl. Linner et al. 2011.

Deutschland ist die Verflechtung zwischen technisch orientierten Produktanbietern und dem Gesundheitssektor gering. Investitionen fließen hierzulande mehrheitlich in die Entwicklung technologisch komplexer Produkte, die dann aber mehrheitlich nicht im Feld erprobt, evaluiert und zur Marktreife geführt werden.

Smart Senior ist ein Beispiel für ein groß dimensioniertes Projekt, an dem viele deutsche Unternehmen beteiligt waren und das auch aus wissenschaftlicher Sicht Standards schaffen sollte. Die ursprünglich groß angelegte Studie, welche den Nutzen der entwickelten Angebote analysieren und nachweisen sollte, scheiterte an der Bereitschaft von Probanden und letztlich an der Tatsache, dass die beteiligten Firmen ihre Gelder lieber in die Entwicklung anderer Technologien umdisponierten.[40]

2.1.5 Architektur und technologische Herausforderungen

Fortschritte im Bereich der Informations- und Kommunikationssysteme (IuK-Systeme) und v.a. der Sensorik schufen in den vergangenen Jahren die technologische Basis für die Entwicklung moderner AAL-Systeme. Zu den dadurch geschaffenen Voraussetzungen zählen die gestiegene Rechenleistung in Mikrochips, ein höherer Grad der Miniaturisierung, neue Verfahren der Energiespeicherung und drahtlosen Vernetzung sowie die generelle Weiterentwicklung im Bereich der Sensorik.[41]

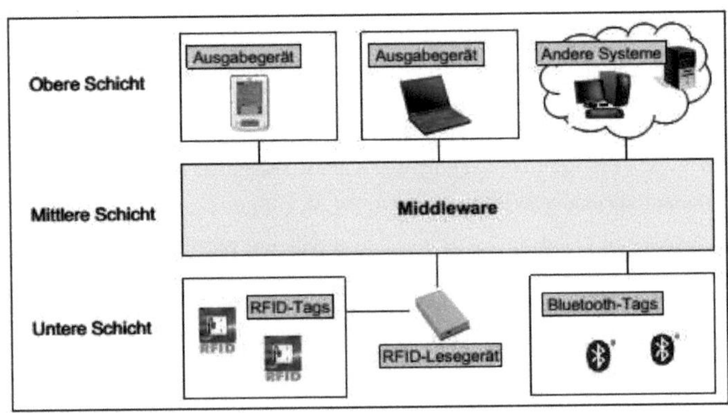

Abbildung 1: Schichtenmodell ambienter Systeme

[40] Vgl. Gast 2013: S. 4 f.
[41] Vgl. Bick et al.: S. 7.

Eine generische Architektur für AAL-Anwendungen kann aufgrund der Verschiedenartigkeit der Systeme nur auf sehr hohem Abstraktionsniveau formuliert werden. Bick et al. (2008) entwarfen die obige Drei-Schichten-Architektur als grundsätzliche Visualisierung einer möglichen Standard-Architektur.[42]

Das Schichtenmodell verdeutlicht die Notwendigkeit eines hohen Maßes an vertikaler und horizontaler Integration. In der unteren Schicht sind die Zusammenarbeit zwischen den technologisch unterschiedlichen Sensortypen und die Vereinheitlichung der von selbigen bereitgestellten Daten zu gewährleisten. Vertikal müssen komplexe, endbenutzerorientierte Geräte wie Smartphones gemeinsame Schnittstellen zu einfachen Hardwarekomponenten (Sensoren) bereitstellen, was durch den Einsatz einer integrativen Middleware in der mittleren Schicht realisiert werden kann.[43]

Komponenten der Entscheidungskompetenz, die aus Situationsanalyse und Aktionsplanung besteht, werden im Schichtenmodell nicht dargestellt. Während sich manche AAL-Systeme auf die Weitergabe von Sensordaten beschränken, existieren auch Anwendungen, die über ein erhebliches Maß an Intelligenz verfügen und selbstständig Sensordaten verdichten, aufbereiten oder interpretieren. Damit können dann typische Fragestellungen wie *Was macht der Bewohner gerade und wie ist sein Zustand?* beantwortet werden.[44]

Das intelligente Erkennen von Situationen anhand vorliegender Sensordaten kann bspw. dazu dienen, im Frühstadium einer Demenz auf abweichende Tagesabläufe hinzuweisen. Um eine korrekte Unterscheidung zwischen unbedenklichen und kritischen Auffälligkeiten zu ermöglichen, sind explizite Nutzer-, Umgebungs- und Handlungsmodelle notwendig, die von Experten erstellt oder selbstständig aus der Beobachtung erlernt werden können.[45] Daneben wären auch halbautomatische Lösungen denkbar, bei denen die Angehörigen einer dementen Person die Handlungsmodelle entwerfen oder zumindest dabei mitwirken. Dies ist insofern vorteilhaft, als dass nahestehende Verwandte die üblichen Verhaltensweisen der dementen Person am besten kennen und somit individuell zutreffende Muster entwerfen können.

Ein gängiges Beispiel für eine intelligente Situationsanalyse stellt das Erkennen von Notfallsituationen dar. In der Praxis entpuppt sich allerdings ein großer Teil der Alarmmeldungen mo-

---

[42] Vgl. Bick et al.: S. 9. Das Modell reduziert AAL-Systeme auf passive Hardware-Komponenten.
[43] Vgl. Knaup-Gregori et al. 2012: S. 72 ff.
[44] Vgl. BMBF/VDE Innovationspartnerschaft AAL 2011a: S. 30.
[45] Vgl. BMBF/VDE Innovationspartnerschaft AAL 2011a: S. 32.

mentan als Fehlalarm.[46] Das Dilemma besteht darin, dass Aktivitätserkennung einerseits allgemeingültige Ansätze finden und andererseits an individuell sehr unterschiedliche und variierende Lebensumstände adaptiert sein muss.[47]

Aus datenschutzrechtlicher Perspektive ist die Übertragung von durch AAL-Anwendungen erhobenen Daten brisant, da diese ggf. als sensibel eingestuft werden können. Sensoren verfügen teilweise nicht über ausreichende Rechenkapazitäten, um Verschlüsselungsalgorithmen in angemessener Zeit durchzuführen.[48] Somit ist davon auszugehen, dass die Datenübertragung von Sensordaten zu weiteren verarbeitenden Instanzen unverschlüsselt geschieht und damit relativ einfach abgehört werden kann. Hier ist anwendungsabhängig die Kritikalität der Daten zu prüfen, um entsprechende Vorkehrungen zu treffen.

Erfahrungen aus der Unterhaltungsindustrie zeigen, dass es nicht mehr ausreicht, wachsende Systemkomplexität an die Nutzer weiterzugeben. Komponenten müssen sich zukünftig verstärkt selbst organisieren. Eine AAL-Plattform muss mehr erkennbaren Nutzen als Aufwand für den Kunden bieten.[49]

2.2 Relevante strategische Konzepte

2.2.1 Innovationsmanagement

Der Innovationsbegriff wird inzwischen sehr breit verwendet und in verschiedenen Publikationen unterschiedlich abgegrenzt.[50] Die verschiedenen Definitionen haben die Auffassung gemein, dass Produkte, die als Innovationen gelten wollen, neuartig sein müssen,[51] und zwar aus technischer, wirtschaftlicher, organisatorischer oder sozialer Sicht.[52] Als Abgrenzung zur Invention ist ferner die marktwirtschaftliche oder innerbetriebliche Verwertbarkeit ein wichtiges Kriterium. Innovationen sind demnach Inventionen, die sich innerbetrieblich bezahlt machen oder die Markteinführung bzw. den Markterfolg zum Ziel haben.[53]

---

46 Vgl. Gast 2013: S. 2.
47 Vgl. Knaup-Gregori et al. 2012: S. 72 ff.
48 Vgl. Knaup-Gregori et al. 2012: S. 72 ff.
49 Vgl. Knaup-Gregori et al. 2012: S. 72 ff.
50 Vgl. Kuhn 2007: S. 6.
51 Vgl. Vahs et al. 2005: S. 44. Zitiert nach: Gaubinger et al. 2009: S. 5.
52 Vgl. Vahs et al. 2012: S. 1.
53 Vgl. Gaubinger et al. 2009: S. 5.

Letztlich streben Innovationen die Adoption, also die Entscheidung eines Konsumenten zum Erwerb der Innovation,[54] und die weitergehende Verbreitung im Markt, die sog. Diffusion[55], an. Die Diffusionsforschung befasst sich grundsätzlich mit der Frage, wie sich Innovationen auf dem Markt etablieren und verbreiten.[56] Diffusionshemmnisse beschreiben, welche Sachverhalte dies verhindern oder einschränken.

Um Inventionen zu diffundierenden Innovationen zu entwickeln, bedarf es eines gezielten Innovationsmanagements. Das Innovationsmanagement beschreibt die „systematische Planung, Durchführung, Steuerung und Kontrolle der Innovationstätigkeit“[57] eines Unternehmens, also alle Aktivitäten, die im Rahmen der Hervorbringung von Innovationen durchgeführt werden.[58]

Selbst ein perfektes Innovationsmanagement kann nicht verhindern, dass die Markteinführung von Innovationen mit einem hohen Risiko behaftet ist. Problem, Lösung und Umgebung ändern sich ständig und können kaum vollständig erfasst und verstanden werden.[59]

Als wichtige Determinante des Markterfolgs wird die systematische und frühzeitige Planung des Marketingkonzepts und der Markteinführung genannt.[60] Im Vergleich zu Großunternehmen weisen kleine und mittlere Unternehmen (KMUs) häufig ein Planungsdefizit auf, weil diese den vorausschauenden, systematischen Aktivitäten eine zu geringe Bedeutung beimessen.[61] Dabei sind Kenntnisse über die Auswirkungen des geplanten Marketingmix auf die Adoption nützlich für die Gestaltung der Marketing-Aspekte, der Verkaufsförderungsaktivitäten und der optimalen Werbepfade.[62]

In diesem Zusammenhang stellt die Innovationskommunikation eine zentrale Aufgabe für Unternehmen dar. Mit dem Begriff wird die systematische Gestaltung der Kommunikation von Innovationen verstanden, sodass bei den potenziellen Kunden Verständnis für und Vertrauen in die Innovation aufgebaut wird.[63] Da Innovationen per Definition neuartig und oftmals komplex

---

54 Vgl. Vahs et al. 2012: S. 407.

55 Die Bezeichnung wird häufig unscharf verwendet und ist laut Willmanns et al. 2009: S. 136 ungünstig gewählt. Während sich bei der Verbreitung im Markt, das Produkt „vermehrt“, bleibt bei einer physikalischen Diffusion die Anzahl der Objekte konstant. Der Diffusionsbegriff ist geeigneter als Bezeichnung für die Ausbreitung der Idee in verschiedene Anwendungen (horizontale Diffusion).

56 Vgl. Gersch et al. November 2011: S. 3.

57 Vahs et al. 2012: S. 2.

58 Vgl. Vahs et al. 2012: S. 2.

59 Vgl. Willmanns et al. 2009: S. 154.

60 Vgl. Gaubinger et al. 2009: S. 12.

61 Vgl. Gaubinger et al. 2009: S. 14.

62 Vgl. Lüthje 2008: S. 1042.

63 Vgl. Vahs et al. 2012: S. 394.

sind, bleibt der propagierte Nutzen für potenzielle Abnehmer häufig schwer vorstellbar und abstrakt. Dadurch entsteht ein Gefühl der Unsicherheit, welches der Adoption entgegenwirkt. Im Rahmen der Innovationskommunikation versuchen die Innovatoren diese Unsicherheit durch eine Darstellung des konkreten Nutzens sowie potenzieller Anwendungsgebiete anhand verständlicher, plastischer Beispiele und durch die transparente Darlegung der Kosten zu minimieren. Die übergeordnete Aufgabe besteht letztlich in der Formulierung einer erfolgreichen Vermittlungsbotschaft und der Wahl geeigneter Informationskanäle.[64]

Die Innovationskommunikation stellt für Unternehmen insgesamt eine komplexe und herausfordernde Aufgabe dar.[65] Einerseits verkompliziert der gewöhnlich hohe Abstraktionsgrad von Innovationen die trennscharfe Identifikation der zu adressierenden Zielgruppe,[66] sodass die Kommunikationsmittel nicht spezifisch genug ausgerichtet werden können. Andererseits beklagen Vahs et al. (2012) einen Mangel an Professionalität im Bereich der Innovationskommunikation.[67]

Konträr hierzu unterstreicht Großklaus (2008), dass das Marketing in den vergangenen Jahren in vielen Unternehmen derart erfolgreich installiert wurde, dass Probleme im Bereich des Marketings und der Markteinführung nicht mehr als zentrale Innovationsbarrieren aufgefasst werden können. Er verweist in diesem Zusammenhang v.a. auf unternehmensinterne Faktoren,[68] die im Rahmen dieser Studie allerdings vernachlässigbar sind, da das Produkt von einem innovativ und flexibel ausgerichteten Start-up-Unternehmen ohne typische innerbetriebliche Hemmnisse realisiert wird.

Als produktbezogene Einflussgrößen auf den Innovationserfolg gelten die relative Vorteilhaftigkeit des Produkts im Vergleich zu bestehenden Alternativen, dessen Reifegrad, die Kompatibilität, die möglichst geringe Komplexität und die Beobachtbarkeit bzw. Erprobbarkeit des Produkts und dessen Nutzen.[69] Entscheidend hierbei ist nicht die reale Ausprägung der jeweiligen Attribute, sondern deren subjektive Beurteilung durch die Nachfrager.[70]

---

[64] Vgl. Vahs et al. 2012: S. 396.
[65] Vgl. Vahs et al. 2012: S. 414.
[66] Vgl. Vahs et al. 2012: S. 393.
[67] Vgl. Vahs et al. 2012: S. 393.
[68] Vgl. Großklaus 2008: S. 35.
[69] Vgl. Vahs et al. 2012: S. 86.
[70] Vgl. Kuhn 2007: S. 38.

Zwar gibt es diverse Modelle zur Abbildung und theoretischen Fundierung der Innovationsprozesse, allerdings sind die spezifischen Rahmenbedingungen i.d.R. derart einzigartig, dass die Modelle nur als idealtypische und grobe Abbildung von Aufgaben und Arbeitsmethoden betrachtet werden können.[71] Daraus entsteht eine große Herausforderung für die Unternehmen, da eigene Verfahren gefunden werden müssen.

Die Markteinführung als Teil des Innovationsprozesses steht im Mittelpunkt der vorliegenden Forschungsarbeit und wird deshalb im folgenden Kapitel dediziert und eingehend betrachtet.

2.2.2 Markteinführungsprozesse

Der Begriff der Markteinführung erfährt in der Literatur geringere Aufmerksamkeit als der Innovationsbegriff. Aus inhaltlicher Sicht umfasst die Markteinführung in erster Linie Aktivitäten aus dem Bereich des Marketings. Zeitlich betrachtet stellt die Markteinführung in vielen unterschiedlichen Modellen die letzte Phase des Innovationsprozesses dar.[72] Diese Phase kann vom Beginn der akquisitorischen Aktivitäten bis zum rückläufigen Marktwachstum der Innovation dauern. Damit umfasst die Markteinführung sämtliche externe und interne Aktivitäten zur Unterstützung des Markteintritts und der dortigen Diffusion.[73] Die Produktakzeptanz im Markt ist ein wesentliches Ziel einer Markteinführung.[74]

Die Markteinführungs-Phase stellt für viele Unternehmen den schwierigsten Aspekt des Innovationsmanagements dar.[75] Das Scheitern der allermeisten Innovationen im Markt liefert ein Indiz dafür, mit welch hohem Risiko dieser Prozess verbunden ist.[76] Die Kosten für Aktivitäten im Rahmen der Markteinführung, wie das Erzielen eines ausreichenden Bekanntheitsgrades oder die Vorbereitung der Distribution, übersteigen die Entwicklungskosten häufig um ein Vielfaches.[77]

Hinsichtlich der grundsätzlichen Markteintrittsstrategie können Unternehmen als *Pionier*, *früher Folger* oder *später Folger* auftreten. Während der Pionier als Erster völlig neuartige Produkte in den Markt einbringt, konzentrieren sich die Folger auf die Imitation von Produkten.

---

[71] Vgl. Gaubinger et al. 2009: S. 22.
[72] Vgl. Kuhn 2007: S. 8 f.
[73] Vgl. Kuhn 2007: S. 9 f.
[74] Vgl. Kuhn 2007: S. 37.
[75] Vgl. Vahs et al. 2012: S. 393.
[76] Vgl. Erichson 2008: S. 985.
[77] Vgl. Erichson 2008: S. 985.

Der *Pionier* kann durch seinen Vorsprung oft höhere Margen erzielen und sich einen Image-Vorteil sichern, muss allerdings in die Erklärung und Vermarktung des Produkts investieren und ein hohes Risiko tragen. Die *Folger* hatten hingegen bereits die Chance, das Nachfrageverhalten zu beobachten und aus Fehlern des *Pioniers* zu lernen. Das Risiko ist für sie grundsätzlich geringer, allerdings sehen sie sich evtl. bereits aufgebauter Markteintrittsbarrieren ausgesetzt, welche den Markterfolg be- oder verhindern können.[78]

Trotz der Kritikalität des Markteinführungsvorgangs sind die Einflussfaktoren auf dessen Erfolg bis dato nur unzureichend erforscht. Studien liefern lediglich Erkenntnisse über vereinzelte Elemente, lassen aber ein umfassendes Modell vermissen.[79] Im Wesentlichen werden Marketing- und Vertriebsmaßnahmen,[80] die Charakteristika des Neuprodukts, unternehmensinterne Rahmenbedingungen und vorhandene Marktstrukturen als zentrale Einflussfaktoren betrachtet.[81]

Während in der Literatur die Marketing-Maßnahmen häufig als erfolgskritisch hervorgehoben werden, konnte eine empirische Studie von Kuhn (2007) die grundsätzlich hohe Relevanz des externen Marketings nicht bestätigen. Lediglich die Intensität der Marketingaktivitäten sowie die Differenziertheit der Marktbearbeitung seien als Erfolgsfaktoren identifizierbar.[82] Differenzierte Konzepte zeigen eine höhere Erfolgsrate als Massenmarktkonzepte.[83]

Empirisch konnte Kuhn (2007) zeigen, dass sich insbesondere der Neuheitsgrad des Produktes maßgeblich auf den Markterfolg auswirkt. Vor diesem Hintergrund sollten Unternehmen bereits während der Produktgestaltung das spätere Erfolgspotenzial im Blick behalten.[84]

Gaubinger et al. (2009) bezeichnen die Vermittlung eines einzigartigen Kundennutzens als wichtigen Erfolgsfaktor. Hochgradig differenzierte Produkte haben wesentlich höhere Erfolgschancen als Me-too-Produkte. Eine zunehmend bedeutsamere Dimension der Differenzierung stellt das Design dar. Während technisch-funktionale Merkmale zunehmend divergieren und eine Differenzierung dadurch erschweren, können ästhetische oder ergonomische Aspekte zur Einzigartigkeit des Produkts beitragen.[85]

---

78 Vgl. Gaubinger et al. 2009: S. 39 f.
79 Vgl. Kuhn 2007: S. 35.
80 Vgl. Kuhn 2007: S. 2.
81 Vgl. Kuhn 2007: S. 35.
82 Vgl. Kuhn 2007: S. 151.
83 Vgl. Kuhn 2007: S. 155.
84 Vgl. Kuhn 2007: S. 154 f.
85 Vgl. Gaubinger et al. 2009: S. 11.

Eine weitere Determinante des Innovationserfolgs stellt eine starke Orientierung an den Bedürfnissen potenzieller Kunden und ein gutes Verständnis der Marktstrukturen sowie der Wettbewerbssituation dar.[86] Im Rahmen der hier konkret behandelten Markteinführung soll durch die literaturbasierte Analyse des AAL-Markts ein ausreichendes Verständnis für selbigen geschaffen werden. Die Marktforschungsaktivitäten eruieren die Bedürfnisse der Kunden und ermöglichen damit eine kundenorientierte Produktgestaltung. Die frühzeitige Durchführung der Primärmarktforschung zur Ermittlung der Akzeptanz neuer Produkte als Indikator für den zukünftigen Markterfolg wird auch in der Literatur als ratsam betrachtet.[87]

2.2.3 Konzepttests

Der Konzepttest kann als Instrument dienen, um die spezifizierte Produktidee durch Befragungen hinsichtlich der Akzeptanz durch Endkunden und weiterer Ausgestaltungs-Möglichkeiten zu evaluieren.[88] Durch eine ausgiebige Diskussion über die verbal oder bildlich verdeutlichten Produktkonzepte können außerdem Vor- und Nachteile zu möglichen Konkurrenzprodukten im Markt sowie potenzielle Alleinstellungsmerkmale herausgearbeitet werden.[89] Ohne dass das Produkt bereits fertig entwickelt wurde, besteht damit die Möglichkeit, die Reaktion der Zielgruppe zu testen und attraktive Marktsegmente zu bestimmen.[90] Quantitative Prognosen hinsichtlich des Marktanteils und Absatzvolumens sind allerdings nicht möglich.[91] Daher regen Gaubinger et al. (2009) ein zweistufiges Verfahren an, im Rahmen dessen das weiter überarbeitete und konkretisierte Konzept mittels einer zielgruppenspezifisch gestalteten, quantitativen Befragung überprüft wird.[92]

Zur Durchführung von Konzepttests werden häufig Gruppendiskussionen oder persönliche Interviews herangezogen.[93] Die verbale Kurzbeschreibung der wesentlichen Ideen des Produktkonzepts ist hierbei die einfachste und kostengünstigste Variante, um den Befragten einen Eindruck vom Produkt zu vermitteln, bevor sie um Auskunft hinsichtlich des Gefallens, der Glaubwürdigkeit und ihrer Kaufabsicht gebeten werden.[94] Allerdings ist zu berücksichtigen, dass der

---

86 Vgl. Gaubinger et al. 2009: S. 11.
87 Vgl. Gaubinger et al. 2009: S. 263.
88 Vgl. Erichson 2008: S. 985 f.
89 Vgl. Gaubinger et al. 2009: S. 109.
90 Vgl. Gaubinger et al. 2009: S. 265.
91 Vgl. Erichson 2008: S. 985 f.
92 Vgl. Gaubinger et al. 2009: S. 266 f.
93 Vgl. Gaubinger et al. 2009: S. 109.
94 Vgl. Gaubinger et al. 2009: S. 266.

Abstraktionsgrad der Produktvorstellung einen wesentlichen Einfluss auf die Zuverlässigkeit der erhobenen Bewertungen ausübt.[95] Daher herrscht teilweise die Meinung vor, Konzepttests wären bei radikalen Innovationen nur begrenzt sinnvoll, da die Befragten über zu wenig Vorwissen und Vorstellungskraft verfügen, um eine realistische Bewertung abgeben zu können. Empirische Untersuchungen brachten allerdings zutage, dass auch bei radikalen Innovationen auf Konzepttests nicht verzichtet werden sollte, da sie wichtige Hinweise auf die Marktakzeptanz liefern. Dies gelingt am besten, wenn vornehmlich Lead-User, also trendführende Kunden, befragt und diese mit umfangreichem Produkt- und Hintergrundwissen ausgestattet werden.[96]

2.2.4 Blue Ocean-Strategie

Mit der Blue Ocean-Strategie haben die Erfinder Kim und Mauborgne ein neuartiges strategisches Konzept für Unternehmen entwickelt. Elementar in dieser Strategie ist die Unterteilung des Markts in sog. blaue und rote Ozeane.

Rote Ozeane sind bereits erschlossene Märkte, in denen verschiedene Konkurrenten wettbewerbsorientierte Strategien verfolgen, um sich gegenseitig zu überbieten und Marktanteile hinzuzugewinnen. Blaue Ozeane hingegen sind bis dato noch nicht erschlossene Märkte, in denen kaum Konkurrenz herrscht. Die Nachfrage muss in den Blue Oceans i.d.R. erst erzeugt werden. Wenn dies gelingt, bestehen gute Aussichten auf ein profitables Wachstum.[97]

Die verschiedenen Wirtschaftszweige befinden sich in einem stetigen Wandel. Heute so elementare Branchen wie die Automobilindustrie oder die Managementberatung waren noch vor 100 Jahren blaue Ozeane. Das strategische Denken der Unternehmen fokussiert sich zumeist auf den Wettbewerb im roten Ozean, obwohl die Globalisierung und die Vermassung der angebotenen Produkte viele Unternehmen ruinieren. Blaue Ozeane hingegen leisten überdurchschnittliche Beiträge zu Umsatz und Gewinnen der Unternehmen.[98] Das Entdecken und Erobern eines Blue Ocean gilt als „Idealfall der Innovation“[99].

---

[95] Vgl. Gaubinger et al. 2009: S. 109.
[96] Vgl. Gaubinger et al. 2009: S. 267.
[97] Vgl. Kim et al. 2005: S. 4,16.
[98] Vgl. Kim et al. 2005: S. 5 ff.
[99] Willmanns et al. 2009: S. 13.

Während manche blaue Ozeane „weit außerhalb der Branchengrenzen erschlossen“[100] werden, entstehen die meisten blaue Ozeane aus roten Ozeanen heraus, indem die existierenden Branchengrenzen erweitert werden.[101]

Zur Eroberung der blauen Ozeane sollte der Fokus nicht auf das Überbieten sondern das Vermeiden der Konkurrenz gelegt werden.[102] Dazu bedarf es einer *Nutzeninnovation.* Der Begriff soll zum Ausdruck bringen, dass Innovation und Nutzen gleich wichtig sind. Ein gesteigerter Nutzen ohne innovativen Charakter führt oft nur zu einer inkrementell verbesserten Wertschöpfung. Das andere Extrem sind Innovationen, die keinen echten Nutzen bieten, weil sie über die Zahlungsbereitschaft und Akzeptanz der potenziellen Kunden hinausschießen. Kim et al. (2005) betonen, dass grandiose neue Technologien keinesfalls per se einen neuartigen Nutzen für die Käufer implizieren. Falls eine Innovation den Käufern das Leben „nicht ganz erheblich erleichtert“[103], wird sie nicht massentauglich sein, selbst wenn sie technologisch noch so sehr gelobt und prämiert wird. Dies sei ein typischer Fallstrick für Unternehmen.[104]

Weder der technologische Fortschritt einer Innovation noch das Timing bei der Markteinführung determinieren den Produkterfolg maßgeblich. Viel wichtiger ist die Aushebelung des Zusammenhangs von Kosten und Nutzen. Durch die Eliminierung unnötiger Elemente bisheriger Produkte und indem eine stärkere Differenzierung angestrebt wird, kann ein außergewöhnlicher Nutzen zu einem reduziertem Preis angeboten werden.[105] Bei der Differenzierung besteht das Ziel darin, eine für den Nutzer einzigartige Position einzunehmen, die letztlich zu einem Nutzenmonopol führt.[106]

Um eine geeignete Position zu identifizieren, kann das in Abbildung 2 dargestellte, von Kim und Mauborgne entwickelte ERSK-Quadrat verwendet werden. In die vier Quadranten sind jeweils die Antworten auf die strategischen Fragen einzutragen.

Gute Strategien zur Eroberung blauer Ozeane zeichnen sich dadurch aus, dass sie sich auf wenig herausragende Aspekte fokussieren, deutlich von bisherig vorhandenen Nutzenkurven abheben

---

[100] Kim et al. 2005: S. 4.
[101] Vgl. Kim et al. 2005: S. 4,16.
[102] Vgl. Kim et al. 2005: S. 12.
[103] Kim et al. 2005: S. 110.
[104] Vgl. Kim et al. 2005: S. 12,16,110.
[105] Vgl. Kim et al. 2005: S. 12.
[106] Vgl. Siegemund 2008: S. 39.

und einen überzeugenden Slogan vorweisen.[107] Neben der strategischen Produktkonzeption ist mit dem Slogan auch der Aspekt des geeigneten Marketings eingeschlossen.

Eliminierung Welche als selbstverständlich betrachteten Faktoren müssen **eliminiert** werden?	**Steigerung** Welche Faktoren müssen weit über den Standard **gesteigert** werden?
Reduzierung Welche Faktoren müssen weit unter den Standard **reduziert** werden?	**Kreierung** Welche noch nicht gebotenen Faktoren müssen **kreiert** werden?

Abbildung 2: Eigene Darstellung des ERSK-Quadrats mit strategischen Fragen[108]

Ein weiteres Indiz für die zu starke Fokussierung auf rote Ozeane vieler Unternehmen ist die Tatsache, dass diese kaum über Nichtkunden Bescheid wissen und damit eine große latente Nachfrage nicht erschließen.[109] Bei der Konzentration auf blaue Ozeane muss sich das Unternehmen den bisherigen Nichtkunden zuwenden, um bei diesen eine Nachfrage zu erzeugen. Nichtkunden unterteilen sich in drei Typen:

- mentale Nichtkunden, die nur auf eine Gelegenheit zum Abwandern aus dem Markt warten
- sich verweigernde Nichtkunden, die sich explizit gegen den Markt entschieden haben
- unentdeckte Nichtkunden, die sich noch nie um den Markt gekümmert haben

Unternehmen sollten sich auf diejenige Nichtkunden-Kategorie fokussieren, welche die größte Personenanzahl umfasst. Anstatt die Gruppen scharf voneinander abzugrenzen, sollte aber auch nach Gemeinsamkeiten zwischen den einzelnen Gruppen gesucht werden.[110]

Obwohl die Nutzeninnovation als Kernkonzept der Blue Ocean-Strategie einer Untersuchung zufolge von allen kleinen bis mittelständischen Unternehmen unabhängig von der Branchenzugehörigkeit angewendet werden kann,[111] hat die Blue Ocean-Strategie bis dato keinen großen Bekanntheitsgrad erreicht.[112] Gerade im Gesundheitsbereich kann sie von besonderem Interesse sein, da sich die Branchengrenzen zunehmend verschieben und neue blaue Ozeane freilegen.

---

[107] Vgl. Kim et al. 2005: S. 35 ff.
[108] Vgl. Kim et al. 2005: S. 26 ff. (mehrheitlich wörtlich übernommen)
[109] Vgl. Kim et al. 2005: S. 94 ff.
[110] Vgl. Kim et al. 2005: S. 94 ff.
[111] Vgl. Siegemund 2008: S. 69.
[112] Vgl. Siegemund 2008: S. 41.

Bestehende Regeln werden außer Kraft gesetzt und Freiheitsgrade für Andersartigkeit geschaffen. Dies ermöglicht einen chancenreichen Spielraum für die Anwendung der Blue Ocean-Strategie.[113]

In diesem Zusammenhang kann der bis dato nur geringfügig erschlossene AAL-Markt, der noch kaum definierte Branchengrenzen aufweist, als blauer Ozean betrachtet werden, der sich aus dem im Wandel befindlichen roten Ozean des deutschen Gesundheitsmarkts entwickelt hat.

2.2.5 Universal Design

Im Zusammenhang mit der bestehenden Stigmatisierung von AAL-Produkten wird u.a. der Ansatz des Universal Design in verschiedenen Veröffentlichungen diskutiert. Da dieser maßgebliche Implikationen für die im Rahmen dieser Studie in erster Linie zu untersuchenden Marketing- und Vertriebsaktivitäten hat, wird der Ansatz und dessen Bewertung durch unterschiedliche Autoren im Folgenden näher erläutert.

Universal Design wird von Story (1998) definiert als ein Design von Produkten, das Personen jeden Alters und jedweder Leistungsfähigkeit eine Nutzung in größtmöglichem Maße erlaubt. Erfolgreich nach diesem Ansatz entwickelte Produkte können von einem breiten Spektrum der Bevölkerung genutzt werden, weil sie sowohl die Bedürfnisse von Männern und Frauen, Kindern und Senioren als auch von Menschen mit vorübergehenden oder andauernden Behinderungen erfüllen. Dieses Designkonzept erweitert das sog. generationsübergreifende Design, welches die Veränderungen während des Alters bereits mitberücksichtigt.[114]

Durch seine Leitidee vermeidet das Universal Design die Stigmatisierung, welche mit der Nutzung von speziellen Produkten für Menschen mit Behinderungen assoziiert wird.[115] Aus ideeller Sicht reflektiert der Ansatz die Einstellung, dass die Leistungsfähigkeit unterschiedlicher Menschen naturgemäß sehr verschieden ist und unabhängig davon allen Personen eine Integration in den normalen Alltag ermöglicht werden sollte.[116] In der Vergangenheit waren Personen mit Einschränkungen auf die Nutzung spezieller Assistenztechnologien angewiesen. Inzwischen ist

---

113 Vgl. Hertweck 26. März 2010: S. 24.
114 Vgl. Story 1998: S. 4 f.
115 Vgl. Vanderheiden 1998: S. 29.
116 Vgl. Story 1998: S. 12.

der Bedarf nach Produkten mit einem universellen Design größer als je zuvor, v.a. in den Bereichen Telekommunikation, Computer und Informationssysteme.[117]

In einem Interview im Rahmen der Senioren-Studie *sentha* (seniorengerechte Technik im häuslichen Alltag) beschreibt Achim Heine, Professor der Universität der Künste in Berlin und Leiter der Teilarbeitsgruppe Design, die Paradigmen, welche dem Produktdesign zugrunde lagen: Das Designteam versuchte, „den problemzentrierten Blick auf Senioren im Sinne von ‚behinderten' Menschen zu überwinden"[118] und eine salutogenetische Perspektive einzunehmen, die sich an den bestehenden Ressourcen, Wünschen und Bedürfnissen der Menschen anstatt an deren Schwächen und Unzulänglichkeiten orientiert.[119] Dazu gehört es auch, schlicht von Hilfsmitteln anstatt von „spezifische[n] Hilfsmittel[n] für Senioren"[120] zu sprechen. Damit wurde implizit ein Universal Design-Ansatz verfolgt.

Konträr dazu wird an anderer Stelle ein fokusgruppenspezifisches Leitbild für die Konzeption seniorengerechter Produkte vorgestellt. Dieses Paradigma beinhaltet die Forderung, Produkte spezifisch für Senioren, einzelne Personengruppen oder gar Individuen gemäß deren besonderen Wünschen zu fertigen. Diese Nischenorientierung berücksichtigt die besondere Situation von Senioren und stellt eine Abkehr des „Design for All"[121]-Ansatzes dar. Die Autoren von *sentha* sehen die Verwendung des fokusgruppenspezifischen Leitbildes angezeigt, da die Lebensformen in den heutigen Gesellschaften zunehmend divergieren.[122]

Sicherlich wird eine breitere Anwendung von Universal Design-Prinzipen dedizierte Assistenzsysteme nicht gänzlich obsolet werden lassen, da die Anforderungen einzelner Personengruppen zu spezifisch oder gar konkurrierend sind. Die verbreitete Anwendung des Universal Design könnte aber zu einer Konsolidierung der verfügbaren Produktpalette führen, da universell designte Produkte einer größeren Masse an Benutzern genügen. Obwohl die Anzahl verfügbarer Produkte geringer würde, hätte jeder individuelle Benutzer mehr Artikel zur Auswahl, die seine Bedürfnisse erfüllen. Dies könnte überdies zu einer Verbilligung als Folge einer Fixkostendegression aufgrund der größeren Absatzmenge führen.[123]

---

[117] Vgl. Vanderheiden 1998: S. 35.
[118] Friesdorf et al. 2007: S. 141.
[119] Vgl. Friesdorf et al. 2007: S. 119.
[120] Friesdorf et al. 2007: S. 142.
[121] Friesdorf et al. 2007: S. 142.
[122] Vgl. Friesdorf et al. 2007: S. 119.
[123] Vgl. Story 1998: S. 10 f.

Story (1998) verdeutlicht, dass sich der Begriff des Universal Design nicht ausschließlich auf die Ausgestaltung des Produktes bezieht, sondern auch einen neuen Marketing-Ansatz impliziert. Ein Produkt ausschließlich gegenüber einer bestimmten Konsumentengruppe zu bewerben, gefährde u.U. den Erfolg des Produkts.[124]

Das Bundesministerium für Familie, Senioren, Frauen und Jugend (BMFSFJ) empfiehlt Unternehmen ebenfalls eine benutzerfreundliche, generationsübergreifende Gestaltung von Produkten, die ursprünglich dediziert für Senioren konzeptioniert wurden. Wohingegen ältere Menschen auf junge Personen zugeschnittene Produkte häufig von der eigenen Verwendung ausschließen, bieten an den Bedürfnissen von Senioren ausgerichtete Produkte durchaus auch einen Mehrwert für jüngere Menschen.[125]

Somit könnte mit einer universellen Konzeption und Bewerbung zum einen einer verkaufshemmenden Stigmatisierung innerhalb der Kernzielgruppe älterer Menschen vorgebeugt und zum anderen zusätzliche Käufer in jüngeren Kohorten hinzugewonnen werden. Durch Anwendung des Retro-Prinzips könnten alte Menschen ihre Sehnsüchte nach Produkten aus ihrer Jugend stillen und junge Menschen würden die neuen Produktideen als modern empfinden, da sie erstmalig damit in Kontakt kämen.[126]

Großklaus (2008) verweist ebenfalls auf die Kontraproduktivität des Bewerbens für eine ausschließlich alte Zielgruppe. Die Entwicklung spezieller Seniorentelefone mit großen, bunten Tasten war zwar aus Gründen der Benutzerfreundlichkeit durchaus angemessen. Allerdings wurden die Verkaufschancen solcher Seniorentelefone dadurch verschlechtert, dass sie äußerlich den normalen Telefonen kaum ähnelten.[127]

Ferner verweist Großklaus unter dem Begriff der „Analogiebildung“[128] darauf, dass die Bedürfnisse älterer Menschen bspw. denen von Müttern mit Kindern sehr ähnlich sind. So würde ein für Senioren gestalteter Supermarkt u.a. mit breiteren Gängen gleichsam den speziellen Bedürfnissen von Müttern mit Kindern entsprechen.[129]

---

[124] Vgl. Story 1998: S. 11.
[125] Vgl. Bundesministerium für Familie, Senioren, Frauen und Jugend März 2010: S. 27.
[126] Vgl. Großklaus 2008: S. 232 ff.
[127] Vgl. Großklaus 2008: S. 232 ff.
[128] Großklaus 2008: S. 232.
[129] Vgl. Großklaus 2008: S. 232 ff.

Im Rahmen einer Studie des Bundesministeriums für Bildung und Forschung (BMBF) wurden 100 japanische Assistenztechnologien untersucht. Zu den wichtigsten Erkenntnissen und Implikationen für den deutschen AAL-Markt zählte die Tatsache, dass in Japan vorwiegend universelle Produkte mit universellem Anspruch entwickelt werden, die nicht explizit auf den Markt der Senioren ausgerichtet sind. Auffällig hierbei ist, dass einige Anwendungen, die ‚offiziell' für den Gesamtmarkt konzipiert wurden (z.B. das Brain Training von Dr. Kawashima), sich nur bei den Senioren durchsetzen.[130] Dies legt die Vermutung nahe, dass die Hersteller bei der Konzeption die Anforderungen der Senioren in hohem Maße berücksichtigen, in der Außenkommunikation aber zur Vermeidung einer Stigmatisierung stets die gesamte Gesellschaft adressieren.

Die Kernidee des Universal Design findet sich letztlich in vielen modernen Produktgestaltungs- und Marketing-Ansätzen unter verschiedenen Bezeichnungen wieder und scheint gerade im AAL-Umfeld ein aussichtsreiches Instrumentarium zur Vermeidung von Stigmatisierung darzustellen.

---

[130] Vgl. Linner et al. 2011.

3 Literaturbasierte Marktanalyse

Umfangreiche Kenntnisse über die Marktbedingungen und die spezifischen Einflussfaktoren auf den Diffusionsverlauf von Innovationen stellen eine wichtige Basis für marktstrategische Entscheidungen dar.[131] Daher wird im folgenden Kapitel der gegenwärtige Status Quo auf dem AAL-Markt innerhalb der Gesundheitsbranche auf Basis der einschlägigen Fachliteratur erhoben.

3.1 Erster und zweiter Gesundheitsmarkt

Der deutsche Gesundheitsmarkt wird üblicherweise in einen primären und einen sekundären Markt unterteilt. Während die Sozialkassen die Produkte und Dienstleistungen des ersten Gesundheitsmarkts bezahlen, müssen Angebote des zweiten Gesundheitsmarkts von den Leistungsbeziehern bzw. Konsumenten finanziert werden. Anbieter platzieren ihre Produkte gerne auf dem ersten Gesundheitsmarkt, da bei der Preisfestsetzung die Zahlungsbereitschaft der Abnehmer nicht berücksichtigt, sondern lediglich die Kostenübernahme durch die Krankenkassen erwirkt werden muss.[132]

Während Produkte auf dem ersten Gesundheitsmarkt die institutionellen Rahmenbedingungen der Sozialkassen erfüllen müssen, besteht die Herausforderung im zweiten Markt darin, ein nutzerorientiertes Angebot zu schaffen, dessen Preis die Zahlungsbereitschaft der entsprechenden Privathaushalte berücksichtigt und die Verbraucher über geeignete Vertriebswege anspricht. Becker et al. (2012) erachten eine getrennte Betrachtung der konvergierenden Teilmärkte für kontraproduktiv.[133]

Aufgrund sich verändernder Zahlungsbereitschaften potenzieller Nachfrager wächst der zweite Gesundheitsmarkt seit einigen Jahren solide[134] und gewinnt damit an Attraktivität. 93 % der Bundesbürger sind grundsätzlich bereit, Geld für Leistungen des zweiten Gesundheitsmarkts auszugeben.[135] Dies kann auf das gestiegene Bewusstsein für den Nutzen von Prävention und Gesundheitsförderung in allen Altersstufen zurückgeführt werden.[136]

---

[131] Vgl. Lüthje 2008: S. 1042.
[132] Vgl. Rütten 2012: S. 3.
[133] Vgl. Becker et al. 2012: S. 257 f.
[134] Vgl. Becker et al. 2012: S. 250.
[135] Vgl. BMFSFJ 2011. Zitiert nach: Becker et al. 2012: S. 241.
[136] Vgl. Becker et al. 2012: S. 251 f.

Kalkulationen über die Einsparpotenziale durch die Nutzung von AAL-Technologie basieren häufig auf der Annahme, dass AAL-Anwendungen dem Leitsatz ‚ambulant vor stationär' genügen und damit zu einer erheblichen Reduzierung der hohen, stationären Versorgungsaufwände beitragen. Diese vermeintliche Legitimationsbasis für AAL-Anwendungen ist bis dato aber nicht verifiziert. Deshalb zeigen sich die Sozialkassen nicht bereit, Kosten für AAL-Produkte zu übernehmen.[137] Eine wesentliche Ausnahme hiervon stellt das Hausnotruf-System dar, das unter gewissen Umständen von den Pflegekassen bezuschusst wird.[138]

In den kommenden Jahren ist davon auszugehen, dass der Nutzen von AAL-Systemen durch entsprechende Studien nachgewiesen wird und daraufhin einzelne Produkte in den primären Gesundheitsmarkt eindringen.[139] Daher würden eventuelle Leistungserbringer einerseits gut daran tun, ihre Geschäftsmodelle auf den kompletten Gesundheitsmarkt auszurichten. Andererseits müssen sie über einen gewissen, undefiniert langen Zeitraum exklusiv auf dem zweiten Gesundheitsmarkt wirtschaftlich überleben können und hierzu erhebliche Marketing-Aufwendungen aufbringen.[140] Auf dem ersten Gesundheitsmarkt besteht hingegen die Gefahr, dass Produkte als spezielle Artikel für Kranke oder Pflegebedürftige stigmatisiert werden.

3.2 Entwicklungsstadium des AAL-Markts

Im Rahmen des Ambient Assisted Living Joint Programme (AAL JP) stellte die EU im Zeitraum von 2008 bis 2013 700 Mio. Euro Forschungsgelder im Themenfeld AAL zur Verfügung.[141] Das BMBF gab 2008 bekannt, auf Grundlage dieses Programms gezielt Forschungs- und Entwicklungsvorhaben mit hohem Innovationspotenzial zu fördern.[142] Inzwischen beteiligen sich zahlreiche Institutionen und Unternehmen, die in einer AAL-Innovationspartnerschaft zusammengeschlossen sind, an der Forschung.[143] Der Zusammenschluss wurde bis zum 31. März 2012 vom BMBF gefördert.[144]

Bisherige Forschungsaktivitäten fokussierten sich in erster Linie auf technische Aspekte wie Sensor- oder Produktentwicklung. Die Integration von AAL-Komponenten und betriebswirt-

137 Vgl. Becker et al. 2012: S. 251.
138 Siehe hierzu Kapitel 3.5.2.
139 Vgl. Fachinger et al. März 2012: S. 42.
140 Vgl. Rode-Schubert 2012: S. 18 ff.
141 Vgl. Salvi et al. 2012: S. 15.
142 Bundesministerium für Bildung und Forschung [Online im Internet].
143 VDE Verband Elektrotechnik Elektronik Informationstechnik e.V. [Online im Internet].
144 VDE Verband Elektrotechnik Elektronik Informationstechnik e.V. [Online im Internet].

schaftliche Themen wie die Schaffung neuer Prozesse, Strukturen[145] und Geschäftsmodelle wurden dabei nur wenig berücksichtigt. Die ehemalige Bundesministerin für Bildung und Forschung Annette Schavan resümierte 2008: "Die Forschung zu technischen Assistenzsystemen für Menschen mit gesundheitlichen Einschränkungen ist in den vergangenen Jahren entscheidend vorangekommen. Jetzt muss es darum gehen, diese Systeme auch zu erfolgreichen Produkten auf dem Gesundheitsmarkt zu machen und Geschäftsmodelle zu fördern."[146]

Einige Jahre später besteht in Deutschland immer noch kein etablierter Markt für AAL-Anwendungen.[147] Vielmehr befindet sich der Markt in einem sehr frühen Entwicklungsstadium, was u.a. durch den geringen Reifegrad und hohen Preis der Produkte indiziert wird.[148] Im Jahr 2010 bestand kaum eine Auswahl an erwerbbaren AAL-Produkten oder -Dienstleistungen. Letztlich sind weder Angebot noch Nachfrage ausreichend ausgeprägt. Offenbar ist es schwieriger als vermutet, Produkte zu einem marktfähigen Preis fernab subventionierter Forschungsprojekte zu entwickeln.[149] Außerdem gibt es derzeit kaum Vertriebsplattformen für AAL-Produkte. Den Sprung in den Einzelhandel, bspw. in Baumärkte und Elektronikgeschäfte, haben diese noch nicht geschafft,[150] genauso wenig wie den Eingang in die Angebotspalette von Online-Händlern. Bei der Suche im Internet lassen sich unter dem Suchbegriff *Ambient Assisted Living* anstatt käuflicher Produkte in erster Linie Literaturangebote finden. Ergiebiger ist die Suche nach dem stigmatisierenden Begriff *Seniorenprodukt*, der auf einige Shops führt. Die Angebote dort bestehen aber in erster Linie aus einfachen Produkten der ersten oder zweiten Generation[151] wie Seniorenhandys, Hörgeräte oder Rollatoren.

Lediglich in einigen Teilmärkten wie der Automobilindustrie oder in Teilen der Unterhaltungselektronikindustrie werden AAL-Anwendungen flächendeckend eingesetzt und deren Potenziale realisiert.[152] Während in Personenkraftwagen bspw. Systeme zur Einparkhilfe akzeptiert und zunehmend verbreitet sind, lässt diese Entwicklung im Gesundheitsmarkt, der zumeist mit AAL-Anwendungen assoziiert wird, noch auf sich warten. Für Marktakteure bietet dies die Chance, sich als Pionier zu positionieren und ggf. überdurchschnittlich hohe Renditen zu erzielen.

[145] Vgl. Knaup-Gregori et al. 2012: S. 13 f.
[146] Bundesministerium für Bildung und Forschung 15. Juli 2008.
[147] Vgl. Bittner 2011: S. 44 und Friedewald 2010: S. 18.
[148] Vgl. Rode-Schubert 2012: S. 18 ff.
[149] Vgl. Rode-Schubert 2012: S. 18 ff.
[150] Vgl. Gast 2013: S. 2 f.
[151] Siehe hierzu die Klassifikation in Kapitel 2.1.3.
[152] Vgl. Rode-Schubert 2012: S. 4.

Die meisten heutigen Akteure im AAL-Markt entstammen den Bereichen Forschung und Politik. Sie nehmen naturgemäß tendenziell makroökonomische Perspektiven ein. Damit es zu einer flächendeckenden Diffusion von AAL-Anwendungen kommen kann, ist indes die Präsenz privatwirtschaftlicher Unternehmen notwendig, die aus einem mikroökonomischen Blickwinkel heraus, die Entwicklung tragfähiger Geschäftsmodelle forcieren.[153]

Unter Experten besteht ein allgemeiner Konsens darüber, dass sich bald ein dynamischer Markt entwickeln wird. In einer im Jahre 2007 durchgeführten Delphi-Studie wurde der Realisierungszeitpunkt der Marktdurchdringung auf 2013 (Median) geschätzt.[154]

Zwar besteht gemeinhin ein Bedürfnis (i.S. eines Wunschs nach Beseitigung eines Mangels) nach AAL-Anwendungen, allerdings werden diese nicht zwangsläufig als Instrument zur Bedürfnisbefriedigung erkannt oder sind grundsätzlich unbekannt. Letztlich führen zahlreiche teils zielgruppen-, teils marktspezifische Herausforderungen dazu, dass sich die Bedürfnisse kaum in einen Bedarf i.S. einer realen Nachfrage transformieren. Konträr dazu ist die Nachfrage nach Forschungsleistungen im AAL-Bereich sehr hoch.[155]

Die gegenwärtigen Gegebenheiten des Markts lassen sich mit denjenigen des Mobilfunk-Markts Ende der 80er-Jahre vergleichen. Als wesentliche Faktoren für die Überwindung des Vormarktstadiums wurden ex post technische Innovationen, neuartige Finanzierungsmodelle und die zunehmende Zahl an erfolgreichen Applikationen identifiziert.[156]

Die Vorfinanzierung beim Kauf von Handys und das Aufkommen von Flatrates verschafften den Nutzern Planungssicherheit. Die zentrale Vertriebsplattform für Applikationen wurde letztlich zur Cash Cow.[157] Damit entstand für die Benutzer eine einfache Möglichkeit, individuell benötigte Nutzenaspekte auf ihrem Mobiltelefon zu realisieren. Die Interoperabilität der Applikationen und deren unkomplizierter Bezug über eine zentrale Vertriebsplattform waren hierbei wesentliche Vorteile.

Für die weitere Marktreife der Mobiltelefone sorgten technische Innovationen, die in erster Linie eine gesteigerte Usability und geringere Preise aufgrund sinkender Herstellungskosten zur

[153] Vgl. Rode-Schubert 2012: S. 18 ff.
[154] Vgl. Georgieff Oktober 2008: S. 47 ff.
[155] Vgl. Rode-Schubert 2012: S. 18 ff.
[156] Vgl. Rode-Schubert 2012: S. 16 ff.
[157] Vgl. Rode-Schubert 2012: S. 16 ff.

Folge hatten.[158] Die Entwickler von AAL-Produkten fokussieren sich zunehmend stärker auf die Bedürfnisse der Anwender. Zudem sinken die Preise für miniaturisierte Sensorik, die als Kernkomponente zahlreicher AAL-Systeme betrachtet wird. Dieser analoge Trend lässt sich ex ante als prognostisch günstig interpretieren.

3.3 Ökonomische Betrachtungen

3.3.1 Bedarfsentwicklung im Gesundheitsmarkt

Aufgrund der demografischen Entwicklung, des sozialen Wandels sowie der gestiegenen Lebenserwartung ist mit einem Bedarfszuwachs an Pflege- und Versorgungsleistungen zu rechnen. Damit einhergehend wird ein steigender Bedarf an altersgerechten Assistenzsystemen antizipiert.[159] Das zugrunde liegende Umsatzpotenzial wird vor dem Hintergrund der stark wachsenden Zielgruppe der Senioren als erheblich eingestuft.[160] Senioren könnten künftig zur einflussreichsten Zielgruppe werden und die Marktstrukturen maßgeblich verändern und prägen.[161]

Bereits 2011 entfielen mit 123 Mrd. Euro mehr als die Hälfte der Ausgaben im deutschen Gesundheitswesen auf die wachsende Bevölkerungsgruppe über 65 Jahre.[162] Experten erwarten weitere Kostensteigerungen besonders in den Bevölkerungsgruppen der Pflegebedürftigen, chronisch Kranken und Menschen mit Einschränkungen.[163] Entsprechend wird ein enormes Wachstumspotenzial für den Markt der Dienstleistungen, die sich an diese Personengruppen wenden, antizipiert.

Die dadurch entstehenden Einnahmen für entsprechende Unternehmen werden als „demografische Dividende“[164] bezeichnet, die sogar in der Lage sein könnte, die negativen Folgen der demografischen Entwicklung zu überkompensieren.[165] Allerdings würde dies eine ausreichende Kaufkraft der Zielgruppen voraussetzen, um die Umsatzpotenziale auch tatsächlich zu realisieren.

---

[158] Vgl. Rode-Schubert 2012: S. 16 ff.
[159] Vgl. Fachinger et al. März 2012: S. 8 f.
[160] Vgl. Theussig 2012: S. 14 [Online im Internet].
[161] Vgl. Knaup-Gregori et al. 2012: S. 13.
[162] Statistisches Bundesamt Juni 2011: S. 78.
[163] Vgl. Fachinger et al. März 2012: S. 8 f.
[164] Fachinger 2013: S. 239.
[165] Vgl. Fachinger 2013: S. 239.

3.3.2 Finanzielle Situation der Senioren-Haushalte

Zur ökonomischen Situation von Senioren-Haushalten liegen in der Literatur unterschiedliche Einschätzungen vor. Grundsätzlich ist die Einkommens- und Vermögensverteilung sehr ungleich. Insgesamt lässt sich die materielle Situation laut Depner et al. (2010) „noch als ausreichend (...) bewerten“[166]. Friesdorf et al. (2007) beurteilen diese sogar als grundsätzlich gut.[167] Die Zunahme unstetiger Erwerbskarrieren oder nicht versicherungspflichtiger Erwerbstätigkeit wird aber dazu führen, dass die durchschnittlichen Einkommen geringer ausfallen und in ihrer Varianz noch steigen. Fachinger (2013) weist deshalb darauf hin, dass sich die materielle Situation in Haushalten älterer Menschen im Durchschnitt sukzessive verschlechtern wird.[168]

Das zahlenmäßige Wachstum der Zielgruppe hat nicht zwangsläufig eine Steigerung des kumulierten Nachfragepotenzials zur Folge. Es wäre sogar denkbar, dass die Abnahme der Zahlungsfähigkeit entsprechender Haushalte den positiven Effekt der größeren Zielgruppe (über-)kompensiert und zu einer Stagnation des Nachfragepotenzials führt. Dabei ist zusätzlich zu beachten, dass vorhandener Bedarf nicht zwangsläufig in Nachfrage resultiert. Zur Realisierung der Nachfragepotenziale ist die Existenz eines entsprechenden Marktes notwendig.

3.3.3 Abschätzung des Umsatz- und Nachfragepotenzials im AAL-Markt

Eine ausführliche Betrachtung der vorhandenen ökonomischen Potenziale in Abhängigkeit verschiedener Parameter liefern Fachinger et al. (2012). Als Zielgruppen werden Ein- oder Zwei-Personen-Haushalte mit mindestens einer Person über 50 Jahre angenommen. Zur Berechnung des Umsatzpotenzials eines solchen Haushalts werden unterschiedliche AAL-Produkte (der zweiten und dritten Generation) zu marktüblichen Preisen angesetzt. Als Determinanten des Umsatzpotenzials gelten einerseits Faktoren, welche die Kosten für die Ausstattung der Wohnung mit AAL-Produkten beeinflussen (z.B. Wohnungsgröße, Produktanzahl und -preis), und andererseits Segmentierungskriterien der Zielgruppe. Bei abweichender Wahl der Parameter erstreckt sich das errechnete Umsatzpotenzial von 200 Mio. bis 87 Mrd. Euro.

[166] Depner et al. 2010: S. 12 f.
[167] Vgl. Friesdorf et al. 2007: S. 37.
[168] Vgl. Schmähl 2009 und Sozialbeirat 2009 und Ginn et al. 2009. Zitiert nach: Fachinger 2013: S. 239 ff.

Unter Anwendung einer schlüssigen Parameterkonstellation (Wohnung mit drei Zimmern, Anwendungen aus allen vier Kategorien) ergeben sich folgende Umsatzpotenziale:[169]

Zielgruppe	Umsatzpotenzial	Nachfragepotenzial (absolut)	Nachgefragtes Umsatzpotenzial (%)
50 bis 64 Jahre	24,3 Mrd. €	1,8 Mrd. €	7,4 %
65 bis 74 Jahre	19,1 Mrd. €	1,8 Mrd. €	9,4 %
75 Jahre und älter	10,1 Mrd. €	1,0 Mrd. €	9,9 %

Tabelle 3: Umsatzpotenzial und Nachfragepotenzial bei verschiedenen Zielgruppen

Bei den Berechnungen des Umsatzpotenzials wird davon ausgegangen, dass sämtliche Ein- oder Zwei-Personen-Haushalte, in denen mindestens eine Person aus der gewählten Altersgruppe lebt, AAL-Produkte aus den Themenfeldern *Sicherheit & Privatsphäre*, *Kommunikation & soziales Umfeld* sowie *Haushalt & Versorgung* beziehen. Zusätzlich wird veranschlagt, dass Haushalte mit Pflegebedürftigen AAL-Produkte aus dem Bereich *Gesundheit & Pflege* erwerben.

Unter der Prämisse, dass sich generell nur Haushalte mit Pflegebedürftigen für AAL-Produkte interessieren, ergäbe sich bei den mindestens 50-Jährigen lediglich ein Umsatzpotenzial von etwa 3 Mrd. Euro.[170] Die in der Presse verbreitete Prognose des Umsatzpotenzials von 87 Mrd. Euro[171] ist insbesondere vor diesem Hintergrund mit großer Vorsicht zu genießen. Ferner ist zu beachten, dass das Umsatzpotenzial lediglich beschreibt, wie viel Geld umgesetzt werden kann, wenn jede Person aus der Zielgruppe die passenden Produkte tatsächlich erwirbt.

Insbesondere die eingeschränkte Zahlungsfähigkeit und -bereitschaft der Personen innerhalb der Zielgruppe führen dazu, dass das Umsatzpotenzial nur teilweise realisiert werden kann. Aus empirischen Daten zur Zahlungsfähigkeit und -bereitschaft, die 2010 in Niedersachsen erhoben wurden,[172] schätzen Fachinger et al. (2012) das Nachfragepotenzial[173] als Maß für das realisier-

---

[169] Vgl. Fachinger et al. März 2012: S. 17 ff. Eigene Umrechnung der Altersgruppen. Nachgefragtes Umsatzpotenzial nach eigener Berechnung (Nachfragepotenzial / Umsatzpotenzial * 100).

[170] Eigene Berechnung: 240 000 Haushalte mit Pflegebedürftigen * 12.074,90 € als Kosten für AAL-Produkte.

[171] Vgl. Gast 2013: S. 1.

[172] Der GAL-Survey erhob 2010 erstmals in Deutschland die einkommensabhängige Zahlungsbereitschaft privater Haushalte mit einer Person älter als 50 Jahre in Bezug auf AAL-Systeme. Der Datensatz ist zwar nicht repräsentativ, kann aber laut Fachinger et al. (2012) auf Gesamtdeutschland angewandt werden. Vgl. hierzu Fachinger et al. März 2012: S. 18.

[173] Im Vergleich zum Umsatzpotenzial ist das Nachfragepotenzial von zahlreichen weiteren Faktoren abhängig, die kaum zu bestimmen sind. Darunter zählen bspw. komplexe, intrapersonale Faktoren, welche die Zahlungsbereitschaft für bestimmte Produkte determinieren.

bare Umsatzpotenzial ab. Obige Tabelle zeigt, dass das Nachfragepotenzial v.a. bei der Personengruppe der 50-65-Jährigen wesentlich unter dem fiktiv berechneten Umsatzpotenzial liegt. Die erhebliche Diskrepanz zwischen Nachfrage- und Umsatzpotenzial stellt ein Indiz für die unzureichende Entwicklung des Marktes dar und kann durch die bestehenden Diffusionshemmnisse begründet werden,[174] die einer Steigerung der Zahlungsbereitschaft entgegenwirken.

Die Entwicklung des Nachfragepotenzials ist ungewiss. Zwar erwarten die Experten mittelfristig keine Zunahme des realen Einkommens (und damit der Zahlungsfähigkeit) der entsprechenden Haushalte, allerdings könnte sich die Ausgabenstruktur zugunsten von AAL-Produkten verändern, was eine Steigerung des Nachfragepotenzials zur Folge hätte.[175]

3.4 Stakeholder und Zielgruppe

3.4.1 Taxonomie der Stakeholder

Gruppenbezeichnung	Vertreter
Unmittelbare Profiteure	Unterstützungsbedürftige/Endanwender
Mittelbare Profiteure	Angehörigen & soziales Umfeld der Betroffenen[176]
	Pflegekräfte im ambulanten & stationären Bereich
Sonstige Profiteure	Wohlfahrtsorganisationen & Sozialdienste
	(Not-)Ärzte & Krankenhäuser
	Finanzinstitute & Versicherungen
	Private & gesetzliche Krankenkassen
	Technologieanbieter & Service-Unternehmen
	Wohnungs- & Hauseigentümer
	Wohnungsbau- & Wohnungsverwaltungsunternehmen
	Forschungseinrichtungen

Tabelle 4: Taxonomie der Stakeholder

174 Vgl. Fachinger et al. März 2012: S. 46.

175 Vgl. Bögenhold et al. 2007 und Fachinger 2009. Zitiert nach: Fachinger et al. März 2012: S. 22.

176 Im normalen Sprachgebrauch werden in erster Linie Personen aus dem Kreise der engsten Verwandten als die Angehörigen der jeweiligen Person bezeichnet. Im Rahmen dieser Master-Thesis werden in aller Regel auch nicht-verwandte Personen, die dem sozialen Umfeld des Seniors angehören und sich um diesen kümmern, zum Kreise der Angehörigen gezählt. Es fehlt an einer gebräuchlichen Bezeichnung, die sowohl die familiären Angehörigen als auch die nahestehenden Personen des sozialen Umfelds gleichermaßen einschließt.

Nach einhelliger Literaturmeinung gibt es auf dem Markt für AAL-Produkte eine große Menge an Stakeholdern.[177] Diese lassen sich nach Rode-Schubert (2012) untergliedern in unmittelbare, mittelbare und sonstige Profiteure.[178] Die üblicherweise genannten Anspruchsgruppen[179] wurden in Tabelle 4 den drei genannten Kategorien zugeordnet. Die Aufstellung zeigt die große Anzahl und Heterogenität der Anspruchsgruppen, die sowohl der Gesundheitsbranche i.e.S. als auch der freien Wirtschaft entstammen.

Grundsätzlich haben verschiedene Nutzergruppen wie Betroffene, Angehörige oder Pflegekräfte teils einheitliche, teils aber auch individuelle und mitunter gegensätzliche Anforderungen.[180] Dieser Umstand stellt eine besondere Herausforderung für Produktentwickler dar.[181]

3.4.2 Taxonomie potenzieller Kunden im zweiten Gesundheitsmarkt

In vielen Projekten werden als Endanwender von AAL-Lösungen gewisse Kohorten (etwa ab einem Alter von 50[182] oder 55 Jahren) sowie deren soziales Umfeld bestehend aus Angehörigen, Bekannten und Freunden verstanden.[183] In anderen Quellen bezieht sich der Begriff der Endanwender ausschließlich auf die Unterstützungsbedürftigen, wohingegen deren Angehörige bereits als Dienstleister begriffen werden, die nur einen mittelbaren Nutzen haben.[184]

Die alleinige Abgrenzung einer Zielgruppe durch das soziodemografische Merkmal des Alters ist aber unzureichend. In einer Untersuchung zu den Lebenswelten der *Generation 50plus* wird die Vorstellung, eine über 31 Mio. Bürger umfassende Menschengruppe als in sich homogene Zielgruppe aufzufassen als „Trugbild“[185] bezeichnet. Die Lebensstile, Weltanschauungen, Wertesysteme und Sehnsüchte sind innerhalb dieser Kohorte ebenso vielfältig wie in jüngeren Altersgruppen.[186]

---

177 Vgl. Keiser 2012: S. 1.
178 Vgl. Rode-Schubert 2012: S. 25 ff.
179 In Anlehnung an Zolnowski et al. 2012: S. 88 und Fachinger et al. März 2012: S. 48 und Betz et al. 2010b: S. 102 f.
180 Vgl. Betz et al. 2010b: S. 102 f.
181 Vgl. Rode-Schubert 2012: S. 25 ff.
182 Vgl. Fachinger et al. März 2012: S. 10 f.
183 Vgl. Zolnowski et al. 2012: S. 88.
184 Vgl. BMBF/VDE Innovationspartnerschaft AAL 2011b: S. 21 ff.
185 Borgstedt: S. 2 [Online im Internet].
186 Vgl. Borgstedt: S. 24 [Online im Internet].

Daher müssen andere Merkmale als das Alter zur Segmentierung herangezogen werden. Die Unterteilung der Zielgruppe in die folgenden vier Cluster verfolgt einen weitreichenderen Ansatz:[187]

- Menschen mit allgemeinen Wünschen und Bedürfnissen
- Personen mit Unterstützungsbedarf (z.B. Senioren)
- mobilitätseingeschränkte Menschen
- demente Menschen

Die Unterteilung schließt nicht nur Alte und Kranke mit ein. Der Anwendungsbereich von AAL-Produkten ist selbst im Gesundheitsmarkt nicht auf Menschen mit Defiziten beschränkt, sondern richtet sich auch an Personen mit allgemeinen Wünschen und Bedürfnissen. In anderen Branchen sind die Funktionalitäten von AAL-Anwendungen ohnehin nur sehr selten auf die Kompensierung von individuellen Defiziten ausgerichtet.

In verschiedenen Publikationen finden sich sog. Persona-Beschreibungen, die teils den vier o.g. Clustern zugeordnet werden können, aber teils auch weitere Akteure wie z.B. pflegende Angehörige beschreiben. Solche archetypischen Charakterisierungen der Zielgruppe eignen sich aufgrund des hohen Maßes an Anschaulichkeit, um sich einen plastischen Überblick zu verschaffen. Die in der Literatur entworfenen Persona-Beschreibungen werden nachfolgend in konsolidierter, verkürzter Form dargestellt.[188]

Bedürftige:

Abk.	Person	Merkmale	Leitsatz
B1	Benno, 70 J.	• hohes Bildungsniveau • unternehmungslustig • stark vernetzt • Technikerfahrung	„Ich möchte mein Leben noch nutzen.“ „Ich bin an Komfort und Sicherheit interessiert.“
B2	Else, 75 J.	• körperlich beeinträchtigt • kaum noch mobil • wenige Interessen • sozial weitestgehend isoliert • geringer Bildungsgrad	„Seit einem Sturz habe ich ein hohes Sicherheitsbedürfnis“

187 Vgl. BMBF/VDE Innovationspartnerschaft AAL 2011b: S. 11 ff.

188 Stark angelehnt und teils wörtlich übernommen: Glende et al. 2011: S. 24 ff. und BMBF/VDE Innovationspartnerschaft AAL 2011b.

Abk.	Person	Merkmale	Leitsatz
B3	Lotte, 80 J.	• rüstig • im betreuten Wohnen • liebt Selbstständigkeit • Bereitschaft zur Techniknutzung	„Ich werde gut betreut, möchte aber mithelfen, so gut es noch geht. Es gibt doch sicher etwas, das mir den Alltag erleichtern kann?“
B4	Roland, 78 J.	• dement • benötigt die Hilfe seiner Frau • Kinder weggezogen • ehemals Handwerker • gelangweilt	Seine Frau sagt: „Aufgrund der Demenz meines Mannes verlasse ich nur ungern das Haus.“

Tabelle 5: Persona-Beschreibungen Bedürftige

Angehörige:

Abk.	Person	Merkmale	Leitsatz
A1	Lena, 50 J.	• berufsbedingt verzogen • gutes Verhältnis zur Mutter • hohes Bildungsniveau	„Ich möchte immer über das Befinden meiner Mutter informiert sein.“
A2	Lisa, 37 J.	• lebt im Ausland • hat eigene Familie	„Ich möchte auch aus der Ferne mit meiner Mutter in Kontakt bleiben.“
A3	Sabrina, 30 J.	• kümmert sich um Oma • selbst teilweise mit Technik überfordert	„Ich kümmere mich gerne um meine Oma, aber es schränkt mich sehr ein. Ich habe es in meinem Leben selbst nicht einfach.“

Tabelle 6: Persona-Beschreibungen Angehörige

3.4.3 Lebenssituation der Senioren und der pflegenden Angehörigen

Auch wenn sich AAL-Anwendungen grundsätzlich nicht nur für ältere Menschen eignen, so bilden diese doch den weitaus größten Teil der Zielgruppe. Daher ist es notwendig, ein Verständnis von den Lebensgewohnheiten und Umständen im Alter zu entwickeln, damit die Markttauglichkeit des in dieser Studie evaluierten Produkts zutreffend beurteilt werden kann.

Ältere Menschen leiden tendenziell unter starken Belastungen und haben nur wenig Chance auf deren Bewältigung. Typische Belastungen, die das Alter zu einer vulnerablen Phase machen, sind die Beendigung der Erwerbstätigkeit, der Umzug in ein Altenheim, Entfamilisierung, Verwitwung und Vereinsamung, gesundheitliche und finanzielle Belastungen bis hin zur Armutsgefährdung oder Vernachlässigung. Diese Umstände gehen häufig mit Einbußen an Autonomie einher.[189] Diese so empfundene Unfähigkeit zur selbstständigen Lebensführung stellt einen der größten Stressoren im Alter dar.[190]

Grundsätzlich schätzen sich viele Senioren jünger und vitaler ein, als sie tatsächlich sind.[191] Obwohl 96 % aller über-70-Jährigen mindestens an einer körperlichen Krankheit leiden, empfanden in einer Studie zwei Drittel der Befragten ihre Gesundheit als gut bis befriedigend.[192] Zwar sinkt diese Bewertung mit steigendem Alter, aber nur ein sehr kleiner Anteil der Senioren beurteilt die eigene Gesundheit als schlecht oder sehr schlecht.[193] Es fällt den Senioren schwer, sich ihren Unterstützungsbedarf im höheren Alter einzugestehen, da dieser als „krisenhaftes Ereignis“[194] verstanden wird.

Gemeinhin wird das Leben in drei Phasen untergliedert: Die Kindheit und Jugend, das Leben in der Erwerbstätigkeit und das Rentenalter. Die letzte Lebensphase verläuft aber nicht gleichartig, sondern unterteilt sich ihrerseits in drei unterschiedliche Phasen. In der folgenden Tabelle sind die entsprechenden Lebensphasen mit deren Charakteristika nach Rosenmayr (1996) aufgelistet:[195]

Lebensphase			**Charakteristikum**
1	Kindheit & Jugend		
2	Erwerbstätigkeit		
3	Rentenalter	Dritter Lebensabschnitt	Chancenreichtum
4	Rentenalter	Vierter Lebensabschnitt	Eingeschränktheit
5	Rentenalter	Fünfter Lebensabschnitt	Abhängigkeit

Tabelle 7: Lebensphasen und deren Charakteristika

189 Vgl. Resch et al. 2011: S. 129 ff.
190 Vgl. Engels et al. März 2005: S. 21.
191 Vgl. Moser-Siegmeth et al. 2011: S. 39.
192 Vgl. Mayer et al.: S. 3 [Online im Internet].
193 Vgl. Friesdorf et al. 2007: S. 28.
194 Engels et al. März 2005: S. 21.
195 Vgl. Moser-Siegmeth et al. 2011: S. 40.

Die rüstigen Senioren (im dritten Lebensabschnitt) erfahren Wertschätzung als Familienratgeber und Beachtung als zahlungskräftige Konsumenten.[196] Die Bewältigung der Lebensphase ab 85 Jahren (fünfter Lebensabschnitt) ist hingegen schwieriger.[197] Eine „Konstellation von körperlichen, psychischen und sozialen Faktoren“[198] weist auf ein qualitativ anderes, weniger positives Lebensalter hin.[199] Die Senioren im fünften Lebensabschnitt geraten zunehmend aus dem Blickfeld der Gesellschaft.[200] Fast jeder Zweite über-80-Jährige fühlt sich allein, einsam oder verlassen.[201]

Bedingt wird dies häufig durch eine eingeschränkte Mobilität und einen verkleinerten Bewegungsradius. Korrespondierend dazu verbringen die Senioren den Großteil ihrer Zeit im eigenen Haushalt. Nur etwa jeder Zehnte gab in einer Seniorenstudie an, häufiger an anderen Orten zu sein. Beinahe jeder Zweite verbrachte seine Zeit vorwiegend zu Hause. Dieser Wert nimmt mit zunehmendem Alter deutlich zu,[202] obwohl das generelle Bedürfnis nach Mobilität gleich bleibt.[203]

Etwa 80 % der Deutschen möchten im Alter in den eigenen vier Wänden wohnen bleiben.[204] Von den heutigen Senioren leben etwa 93 % in ihrer eigenen Wohnung,[205] obwohl weniger als ein Prozent des Wohnraums seniorengerecht ausgestattet ist.[206] Nur selten wohnen Senioren gemeinsam mit jüngeren Familienmitgliedern, obwohl diese ihnen emotional sehr nahe stehen. Dies führt zu einem hohen Anteil an Ein-Personen-Haushalten,[207] der bis 2025 auf 41 % ansteigen wird. Momentan leben etwa zwei Drittel der 80-jährigen Frauen und nur 21 % der gleichaltrigen Männer allein. Die grundsätzliche Diskrepanz zwischen den Quoten für Alleinlebende bei Männern und Frauen gründet auf den demografischen Nachwirkungen des Zweiten Weltkriegs. Seit längerem kommt es aber zu einer Angleichung der Sexualproportion, was langfristig zu konvergierenden Quoten für Männer und für Frauen führen wird.[208]

---

196 Vgl. Mayer et al.: S. 1 [Online im Internet].
197 Vgl. Mayer et al.: S. 1 [Online im Internet].
198 Mayer et al.: S. 1 [Online im Internet].
199 Vgl. Mayer et al.: S. 3 [Online im Internet].
200 Vgl. Mayer et al.: S. 1 [Online im Internet].
201 Vgl. Dykstra 2009: S. 92 f.
202 Vgl. Friesdorf et al. 2007: S. 63.
203 Vgl. Hieber et al. 2006. Zitiert nach: Betz et al. 2010a: S. 40 ff.
204 Vgl. N24 [Online im Internet].
205 Vgl. Menning Dezember 2007: S. 22.
206 Vgl. BFW Arbeitskreis Seniorenimmobilien: S. 3 [Online im Internet].
207 Vgl. Hofer et al. 2011: S. 29.
208 Menning Dezember 2007: S. 18 f.

Zu den zentralen Bedürfnissen älterer Menschen zählen neben dem bereits angesprochenen Wunsch nach Mobilität ebenso Sicherheit, soziale Kontakte und gesellschaftliche Teilhabe, lebenslanges Lernen und kognitive Anregung, Heimat und Geborgenheit sowie Gesundheit und Prävention.[209]

Das hohe Sicherheitsbedürfnis entsteht z.B. dadurch, dass Senioren häufiger stürzen. Beinahe die Hälfte aller Unfälle geschehen im Haus und sind Sturzunfälle.[210] Hieraus entsteht z.B. die Sorge, nach einem Sturz unentdeckt liegen zu bleiben. Aber auch allgemeine Befürchtungen wie Überschwemmungen, Brand (etwa durch nicht abgeschaltete Elektrogeräte) oder Einbruch sind präsent.[211] Die Sorgen sind nicht unberechtigt: 80 % der Todesfälle im Haushalt können auf Stürze zurückgeführt werden[212] und immerhin 16 % der Senioren haben schon einmal die Abschaltung des Herdes vergessen, obwohl sie sich der dadurch entstehenden Gefahren bewusst waren.[213]

Die Beziehungen zu Freunden und Nachbarn sind von großer Bedeutung für das subjektive Wohlbefinden. Zur Pflege von familialen Kontakten akzeptieren Senioren u.U. auch das Medium der Videotelefonie. Als besonders persönlich empfundene Tätigkeiten wie Gartenarbeit oder Grabpflege übernehmen die Senioren am liebsten selbst, wohingegen sie bspw. beim Einkauf oder Saubermachen der Wohnung Hilfe akzeptieren bzw. sogar einfordern. [214]

Das Telefon ist ein wichtiges Medium, um Kontakte zu pflegen, ohne die Wohnung verlassen zu müssen. Daneben wird auch das Internet immer mehr genutzt.[215] Das Mobiltelefon findet nur sehr selektiv und lediglich im Sinne eines Notfallinstruments Anwendung. Ansonsten ist das Fernseh-Gerät das beliebteste Medium der Senioren.[216]

Mit zunehmendem Alter steigt der Anteil pflegebedürftiger Personen. Etwa 80 % der pflegebedürftigen Senioren im Privathaushalt werden von ihren Angehörigen versorgt.[217] Drei Viertel der Pflegepersonen sind Frauen, aber auch Nachbarn, Freunde und Bekannte übernehmen zu-

---

209 Vgl. Betz et al. 2010a: S. 40 ff.
210 Vgl. Limbourg et al. 2002: S. 184.
211 Vgl. Mollenkopf et al. 2005. Zitiert nach: Betz et al. 2010a: S. 49.
212 Vgl. Friesdorf et al. 2007: S. 69.
213 Vgl. Friesdorf et al. 2007: S. 69.
214 Vgl. Betz et al. 2010a: S. 40 ff.
215 Vgl. Friesdorf et al. 2007: S. 29.
216 Vgl. Depner et al. 2010: S. 21 f.
217 Vgl. Lüdecke et al. 2009: S. 6.

nehmend diese Aufgaben.[218] Momentan lebt noch bei 20 % der Älteren ein Kind in der unmittelbaren Nachbarschaft.[219] Dieser Wert wird sich infolge des sozialen Wandels vermutlich deutlich verringern.

Frauen nehmen die Pflegeaufgaben tendenziell alleine wahr, ohne informelle oder professionelle Unterstützung in Anspruch zu nehmen.[220] Gerade im fünften Lebensabschnitt (älter als 85 Jahre) werden private Netzwerke oftmals bis an die Grenzen der Belastbarkeit beansprucht.[221] Etwa zwei Drittel der Pflegepersonen stehen dem Unterstützungsbedürftigen rund um die Uhr zur Verfügung.[222] Trotz des erheblichen privaten Pflegeaufwands sind über 40 % der Pflegepersonen mit einer durchschnittlichen Wochenarbeitszeit von 32 Stunden berufstätig. Die pflegenden Angehörigen, die sich in einer Beschäftigung mit einer Wochenarbeitszeit über 20 Stunden befinden, geben an, zusätzlich noch knapp 30 Stunden pro Woche für die Pflege aufzuwenden.[223] Diese Personen bringen somit u.U. beinahe die Arbeitsleistung von zwei Vollzeit-Jobs auf. Die Annahme, dass die private Pflege nur von denjenigen Personen übernommen wird, deren Job es zulässt, ist damit nicht zutreffend. Gerade pflegende Kinder erfahren eine Doppelbelastung durch Beruf, Pflege und oftmals noch weitere Familienaufgaben.[224]

Circa eine Million Deutsche leiden unter einer Demenzerkrankung. Die Inzidenzrate liegt dabei bei 200 000 Personen pro Jahr. Demenzerkrankungen korrelieren sehr stark mit dem Alter des Betroffenen. 30 % der über 90-Jährigen leiden an einer Demenzerkrankung. Die Vorstufe dieser Krankheit heißt leichte kognitive Beeinträchtigung (LKB). In dieser Krankheitsphase kann der Einsatz von AAL-Anwendungen sehr hilfreich sein. Sobald die Erkrankung in eine leichte bis mittlere Demenz übergeht, ergeben sich spezielle Anforderungen an den Einsatz von AAL-Systemen.[225]

Abgesehen von den altersabhängigen Lebensphasen können Senioren anhand ihrer grundsätzlichen Lebenseinstellung untergliedert werden. Laut einer 2006 vom österreichischen Seniorenbund in Zusammenarbeit mit der GfK (Gesellschaft für Konsumforschung) Austria durchgeführten Befragung von Senioren über 60 Jahre unterteilen sich diese in vier Typen:[226]

---

[218] Vgl. Depner et al. 2010: S. 31.
[219] Vgl. Depner et al. 2010: S. 13 ff.
[220] Vgl. Lüdecke et al. 2009: S. 15.
[221] Vgl. Depner et al. 2010: S. 32.
[222] Vgl. Meyer: S. 21.
[223] Vgl. Lüdecke et al. 2009: S. 11.
[224] Lüdecke et al. 2009: S. 12.
[225] Vgl. Depner et al. 2010: S. 25 f.
[226] Ergebnisse zitiert aus: Wöckl et al. 2011: S. 64.

- 33 % Neugierige
- 10 % Aktive
- 32 % Zufriedene
- 25 % Zurückgezogene

Dabei entsprachen nur die Zurückgezogenen dem typisch-negativen Klischee des gesundheitlich eingeschränkten, uninteressierten und vereinsamten Seniors.[227]

3.5 Produkte im AAL-Markt

3.5.1 Popularität der Produktklassen

Aufgrund der großen Reichweite der AAL-Definition und der Pluralität bestehender Anwendungen lohnt ein Blick auf die derzeit von Konsumenten am meisten nachgefragten Produkttypen.

Aus unterschiedlichen Publikationen[228] lässt sich die Erkenntnis ableiten, dass Systeme, welche die Sicherheit im häuslichen Umfeld erhöhen, am stärksten nachgefragt werden. Dazu zählen bspw. Hausnotruf-Systeme, Sturzmelder, Wasserschadensmelder oder Systeme zur automatischen Abschaltung potenzieller Gefahrenquellen (z.B. des Herds in der Küche) beim Verlassen der Wohnung.[229]

Weiterhin besteht reges Interesse an Anwendungen, die im Wesentlichen dem Bereich *Kommunikation & soziales Umfeld* zuzuordnen sind. Hierbei geht es um anregende Tätigkeiten wie virtuelle kulturelle Angebote oder Gedächtnistrainings, die der Unterhaltung dienen, aber auch um Anwendungen, welche den Alltag erleichtern.[230]

Während in einer Befragung Senioren eine hohe Bereitschaft zur Überwachung von Vitaldaten zeigten, wiesen praktische Erfahrungen einer speziellen Beratungsstelle darauf hin, dass technische Hilfsmittel im Gesundheitsbereich erstaunlicherweise fast gar nicht nachgefragt werden.[231]

---

[227] APA-OTS Originaltext-Service GmbH 2013 [Online im Internet].
[228] Siehe hierzu Porsch et al. 2013: S. 83 ff. oder Friesdorf et al. 2007: S. 86.
[229] Vgl. Meyer et al. 2010c: S. 86. Zitiert nach: Theussig 2012: S. 35 [Online im Internet].
[230] Vgl. Friesdorf et al. 2007: S. 86.
[231] Vgl. Porsch et al. 2013: S. 83 ff.

In einer Studie der Technischen Universität Kaiserslautern[232] wurde die Nutzungsbereitschaft für ausgewählte AAL-Anwendungen erhoben (n=314 bis n=340). Das Ergebnis bestätigte die bisherigen Vermutungen. Die höchste Nutzungsbereitschaft ergab sich für Anwendungen aus dem Bereich *Sicherheit & Privatsphäre*. Im Mittelfeld lagen Produkte aus dem Bereich *Komfort*; die einzige untersuchte Anwendung aus dem Gesundheitsbereich rangierte auf dem zweitletzten Platz.

3.5.2 Hausnotruf-Systeme

Als „etablierte Technik zur Steigerung der Sicherheit"[233] im Haushalt gilt der Hausnotruf oder Funkfinger, mit dem eine Person in einer Notsituation wie bspw. einem Sturz an jedem Ort im Haushalt Hilfe anfordern kann.[234] Der Hausnotruf stellt ein Beispiel für eine AAL-Anwendung dar, welche die Adoption im Markt und auch den Sprung in den ersten Gesundheitsmarkt geschafft hat. Denn der Hausnotruf gilt als anerkanntes Hilfsmittel für Pflegebedürftige und kann auf Antrag von der Pflegeversicherung mit 10,49 Euro für den Anschluss und mit weiteren 18,36 Euro monatlich für den Betrieb bezuschusst werden, sofern der Antragsteller als pflegebedürftig anerkannt wurde.[235]

Stand 2009 nutzten 400 000 Personen ein Hausnotruf-System. Davon waren über 85 % mindestens 75 Jahre alt.[236] Die Anwender betrachten das höhere Sicherheitsgefühl[237] und die Aussicht, länger in der gewohnten Umgebung verweilen zu können und damit vor sozialer Isolation behütet zu sein, als wichtigsten Nutzen des Hausnotrufs.[238]

Nur etwa knapp 40 % der Menschen über 50 Jahre wissen überhaupt, dass es Hausnotruf-Systeme gibt.[239] Obwohl Hausärzte diesen mehrheitlich positiv gegenüberstehen, wissen auch die Mediziner nur unzureichend über das Angebot Bescheid und beziehen ihr Wissen vorwiegend aus Erzählungen ihrer Patienten.[240] 69 % der Nutzer finanzieren den Hausnotruf selbst, obwohl ihnen eine Erstattung durch die Pflegekassen zustünde. Über die Möglichkeit, eine Kostenüber-

---

232 Vgl. Georgieff 2008: S. 42.
233 Link et al. 2013: S. 1.
234 Vgl. Link et al. 2013: S. 152 f.
235 Vgl. Stiftung Warentest 2011: S. 87.
236 Vgl. aproxima GmbH et al. 2010: S. 14 [Online im Internet].
237 Vgl. aproxima GmbH et al. 2010: S. 16 ff. [Online im Internet].
238 Vgl. aproxima GmbH et al. 2010: S. 80 [Online im Internet].
239 Vgl. aproxima GmbH et al. 2010: S. 1,14 [Online im Internet].
240 Vgl. aproxima GmbH et al. 2010: S. 16 ff. [Online im Internet].

nahme zu beantragen, wissen die Nutzer nur selten Bescheid.[241] Eine Beratung bei kommunalen Institutionen, Pflege- oder Sozialdiensten wäre hier anzuraten, da diese den Hausnotruf in aller Regel empfehlen, über Finanzierungsmöglichkeiten informiert sind und direkte Kontakte zu Vertriebsstellen herstellen können.[242]

Einige Gesundheitsexperten gehen davon aus, dass sich der Einsatz von Hausnotruf -Systemen aus makroökonomischer Perspektive lohnt. Dies wird mit kürzeren Krankenhausaufenthalten, vermiedenen Notarzteinsätzen und einer Verzögerung des Umzugs in ein Pflegeheim begründet.[243] Ein Nachweis sowie eine Quantifizierung der finanziellen Einsparungen existiert allerdings nicht.[244] Unstrittig ist indes, dass unter der Prämisse, dass der Hausnotruf tatsächlich den Umzug in ein Pflegeheim verzögern kann, erhebliche Einsparungen für die Sozialkassen entstehen.[245]

Aus vertriebstechnischer Sicht ist es interessant, wie derzeitige Hausnotruf-Nutzer, deren Angehörige und Senioren, welche den Hausnotruf momentan nicht verwenden, auf das Produkt aufmerksam wurden. In einer entsprechenden Untersuchung (n=304, jeweils etwa zu gleichen Anteilen aus den zuvor genannten Personengruppen) stellten die Pflegedienste den weitaus größten Multiplikator dar. Insbesondere die Angehörigen, welche sich stellvertretend informieren und häufig als Entscheider fungieren, haben über die Pflegedienste vom Hausnotruf erfahren. Bereits an zweiter Stelle liegen Freunde und Nachbarn, was die gemeinhin vermutete Relevanz der mündlichen Weiterempfehlung unterstreicht. Danach folgen mit dem Hausarzt und den Krankenkassen bekannte Institutionen des Gesundheitswesens. Dahinter liegen Klinikärzte, Vermieter als nicht-medizinischer Vertreter, die Pflegekassen, der Medizinische Dienst der Krankenkassen (MDK) und klinische Sozialdienste etwa gleichauf. Über die Pflegedienste, die Krankenkassen, den MDK und die Pflegekassen erfahren v.a. die Angehörigen von dem Produkt. Die Ärzte informieren Angehörige und Betroffene etwa im gleichen Verhältnis, während die Vermieter vorwiegend die Senioren direkt informieren.[246]

Die Stiftung Warentest prüfte und verglich 2011 zwölf Hausnotruf-Systeme, die von verschiedenen Wohlfahrtsverbänden und privaten Unternehmen angeboten werden. Die ergebnisrele-

---

241 Vgl. aproxima GmbH et al. 2010: S. 29 [Online im Internet].
242 Vgl. aproxima GmbH et al. 2010: S. 66 f. [Online im Internet].
243 Vgl. aproxima GmbH et al. 2010: S. 42 [Online im Internet].
244 Vgl. aproxima GmbH et al. 2010: S. 45 [Online im Internet].
245 Vgl. aproxima GmbH et al. 2010: S. 52 f. [Online im Internet].
246 Vgl. aproxima GmbH et al. 2010: S. 54 [Online im Internet].

vanten Bewertungskriterien lauteten Notrufbearbeitung, Inbetriebnahme/Geräteeinweisung, Beratung/Information und Kundenservice. Die Tester beurteilten das Ergebnis als „ernüchternd“[247]. In erster Linie wurde bemängelt, dass die Anbieter zu wenig auf die speziellen Bedürfnisse der Senioren eingingen. Neben dem Fehlen von exakten Erklärungen und Funktionstests wurde insbesondere die Notrufbearbeitung kritisiert. Die Mitarbeiter in der Notrufzentrale gingen teilweise nicht ausreichend auf die Hilfesuchenden ein.[248] Die Notrufzentralen sind nicht mit den Rettungsleitstellen, die unter der Notrufnummer 112 erreicht werden können, gleichzusetzen. Stattdessen werden die Notrufzentralen von privaten Anbietern oder den Wohlfahrtsverbänden betrieben. Die Qualifikation der dortigen Mitarbeiter ist ungewiss.

3.6 Untersuchung von Diffusionshemmnissen

In der Fachliteratur zu AAL hat bereits eine eingehende Befassung mit möglichen Diffusionshemmnissen für AAL-Produkte stattgefunden. In diesem Kapitel sollen diejenigen Determinanten der gegenwärtigen Marktsituation erörtert werden, die für das zu untersuchende Produkt und insbesondere dessen Markteinführung relevant sind. Dies ist mit der Intention verbunden, den Blick für mögliche Herausforderungen bei der Markteinführung von *FamilyNet* zu schärfen und notwendige Maßnahmen zu deren Überwindung abzuleiten.

3.6.1 Schwierige Adressierbarkeit

Ein wesentliches Problem bei der Diffusion vorhandener Produkte ist die schwierige Adressierbarkeit der Senioren bzw. der pflegenden Angehörigen. Unter Adressierbarkeit wird die Möglichkeit verstanden, die potenziellen Nutzer zu identifizieren, um sie dann in einem zweiten Schritt so ansprechen zu können, dass sie die Anschaffung des Produkts erwägen.

Aufgrund der Neuartigkeit von AAL-Produkten sind diese den potenziellen Konsumenten in der Regel nicht bekannt. Ferner gibt es derzeit keinen Ort, an dem diese Produkte gesammelt vertrieben werden wie bspw. Autohäuser beim Kauf von PKW oder Supermärkte beim Kauf von Lebensmitteln. Da sich Senioren und Angehörige kaum in Verbänden organisieren und auch nicht notwendigerweise der gleichen Kohorte angehören, gestaltet sich eine gezielte Ansprache schwierig. Hinzu kommt die Tatsache, dass die Senioren auch innerhalb ihrer Kohorte

[247] Stiftung Warentest 2011: S. 83.
[248] Vgl. Stiftung Warentest 2011: S. 83 f.

keine homogene Gruppe bilden, sondern individuellen Konsumentengruppen angehören,[249] die sich nicht alle gleichermaßen als Zielgruppe des Produkts eignen bzw. unterschiedlich angesprochen werden müssen.

Ferner ist aufgrund der geringen Erfahrung im Umgang mit neuer Technologie nicht davon auszugehen, dass potenzielle Nutzer selbstständig adäquate Produktlösungen nachfragen. Bis dato bleibt offen, wie Produktanbieter für eine „ausreichende Sensibilisierung, Aufklärung und Information“[250] sorgen können.[251]

3.6.2 Vorherrschende Stigmatisierung

Gerade zur Adressierung der älteren Bevölkerung erscheint der abstrakte, englischsprachige Begriff *Ambient Assisted Living* ungeeignet, da er die ohnehin vorhandenen Berührungsängste keineswegs abbaut.[252] Durch die explizite Assoziierung des Begriffs mit Unterstützungsleistungen für Senioren wurde selbiger derart stigmatisiert, dass Experten des Verbands der Elektrotechnik (VDE) mittlerweile dazu raten, den Begriff nicht weiter zu verwenden.[253] Allerdings liegt weder ein Konsens darüber noch eine alternative Begrifflichkeit vor.

Viele Menschen assoziieren AAL-Produkte heutzutage mit Vokabeln wie „gebrechlich, senil, krank, schwach“[254] und lehnen diese deshalb ab. In der Automobilbranche, die als überdurchschnittlich weit entwickelte Branche im Hinblick auf den Einsatz von AAL-Produkten gilt, wird ein Verweis auf das Alter der Zielgruppe und damit eine Stigmatisierung der Produkte stets vermieden.[255] In der Gesellschaft will weder jemand alt sein, noch Produkte für alte Leute kaufen.[256]

Zahlreiche Autoren betrachten eine bestehende Stigmatisierung als wesentliches Diffusionshemmnis für innovative Produkte und raten dazu, diese tunlichst zu vermeiden.[257] Einige Pub-

---

[249] Vgl. Borgstedt: S. 24 [Online im Internet].
[250] Hofer 2011: S. 112.
[251] Vgl. Hofer 2011: S. 112.
[252] Vgl. Schelisch et al. 2012: S. 6.
[253] Vgl. Gast 2013: S. 5.
[254] Becker et al. 2012: S. 253.
[255] Vgl. Rode-Schubert 2012: S. 41 ff.
[256] Vgl. Rode-Schubert 2012: S. 18 ff.
[257] Siehe hierzu bspw.: Meyer et al. 2010b: S. 123 ff. oder Moser-Siegmeth et al. 2011: S. 43 oder Porsch et al. 2013: S. 85 f.

likationen[258] empfehlen in diesem Zusammenhang die Verwendung des Universal Design, welches „die Ausgrenzung oder Stigmatisierung jeglicher Nutzer“[259] zu vermeiden versucht. Durch das Überwinden der Verengung auf einen kleinen Personenkreis können neue Einsatzfelder erschlossen werden, wie z.B. die Verwendung eines Hausnotruf-Systems nicht nur für sturzgefährdete Senioren, sondern auch für weitere Risikopersonen wie Schwangere.[260]

3.6.3 Bestehende Technikskepsis

Senioren wird gemeinhin unterstellt, neuer Technik ablehnend gegenüberzustehen. Studien zu diesem Thema konnten diese These nicht grundsätzlich verifizieren, sondern legen eine differenzierte Betrachtungsweise des Sachverhalts nahe.

Friesdorf et al. (2007) brachten in einer groß angelegten Seniorenbefragung zutage, dass Senioren tendenziell über schlechte Erfahrungen im Umgang mit Geräten aus dem Bereich *Information & Kommunikation* verfügen. Diese beziehen sich u.a. auch auf alltägliche Geräte wie Videokameras, Handys oder Anrufbeantworter.[261] Senioren hegen Ängste und Bedenken gegenüber einer zunehmenden Abhängigkeit von Computern, die mit einem Kontrollverlust einhergehen.[262] Durch die quasi unsichtbare Verbauung und Arbeitsweise ambienter Technologien könnten diese Ängste verstärkt werden, was eine Erklärung dafür liefert, dass Senioren AAL-Produkten besonders kritisch gegenüberstehen. In der Untersuchung befragte Senioren hatten bereits die enttäuschende Erfahrung gemacht, dass der mit neuen Geräten erzielte Nutzen nicht dem versprochenen Mehrwert entsprach. IuK-Produkte werden nicht mit einem Zugewinn an Lebensqualität assoziiert.[263]

Da die Anwender die Einarbeitung in neue Produkte als mühsam, zeitraubend und frustrierend empfinden, muss das Nutzenversprechen eine wesentliche Übertreffung des gegenwärtigen Status Quo darstellen. Neue Produkte können nur Erfolg haben, wenn sie wesentliche Vorteile gegenüber bestehenden Alternativen bieten, welche die zu erwartenden Eingewöhnungsaufwände, die Kosten und die Bewältigung der Benutzungsängste überkompensieren.[264]

---

[258] Siehe hierzu bspw.: Moser-Siegmeth et al. 2011: S. 43 oder Meyer et al. 2010b: S. 123 ff.
[259] Theussig 2012: S. 41 f. [Online im Internet].
[260] Vgl. aproxima GmbH et al. 2010: S. 98 [Online im Internet].
[261] Vgl. Friesdorf et al. 2007: S. 78.
[262] Vgl. Bick et al.: S. 62.
[263] Vgl. Bick et al.: S. 77.
[264] Vgl. Voß et al. 2003: S. 60.

Eine weitere Sorge der Senioren im Umgang mit AAL-Systemen bezieht sich auf den befürchteten Effekt der Entmenschlichung. Da viele ältere Menschen von Einsamkeit betroffen sind, haben die ihnen verbleibenden sozialen Kontakte einen hohen Stellenwert. So bietet bspw. der regelmäßige Arztbesuch eine emotional wichtige Möglichkeit, mit Menschen in Kontakt zu kommen und zwischenmenschliche Beziehungen zu pflegen.[265] Die physische Präsenz des Hausarztes kann durch AAL-Anwendungen nicht ersetzt werden.[266] Für die große Relevanz der sozialen Ebene bei der Evaluation von AAL-Produkten lieferten mehrere Studien[267] Indizien.

Insgesamt lässt sich bezweifeln, ob die verstärkte Verwendung von AAL-Technologien tatsächlich die befürchtete Dehumanisierung bewirken würde. Aus einem Projekt eines sozialen Dienstleisters sind gegenteilige Erfahrungen bekannt: Durch die Bereitstellung bis dato nicht vorhandener Informationen wurde die Kommunikation mit den Betroffenen sogar gefördert und intensiviert.[268]

Abgesehen von der Zielgruppe wird auch den Beschäftigten im Gesundheitsmarkt eine tendenziell ablehnende Haltung gegenüber Technik unterstellt. Dies gilt als eine Ursache dafür, dass der Gesundheitsmarkt im Vergleich zu anderen Branchen deutlich weniger von Informationstechnologie durchdrungen ist.[269]

Besonders ältere Mitarbeiter, in deren Ausbildung und privatem Umfeld Informationstechnologie nur eine geringe Rolle spielte, zeigten bei einer Untersuchung in einem Krankenhaus eine eher negative Einstellung gegenüber ambienter Produkte. Grundsätzlich wurde die Einführung neuer Technologien mit unangenehmen Schulungsaufwänden, generellem Mehraufwand und der Befürchtung verbunden, künftig nur noch als Servicekräfte zu fungieren und nicht mehr mit den pflegerischen Tätigkeiten des ursprünglichen Berufsbildes betraut zu sein.[270]

3.6.4 Unzureichende Usability

Eine Untersuchung über die Potenziale in der *Kundengruppe 50plus* des BMFSFJ identifizierte die Nutzerfreundlichkeit (Usability) als das entscheidendste Kriterium bei der Beurteilung von Produkten und Dienstleistungen durch Senioren. Mit der Nutzerfreundlichkeit wird dabei die

---

265 Vgl. Theussig 2012: S. 30 [Online im Internet].
266 Vgl. Wessig 2011: S. 75.
267 Siehe hierzu z.B. Bick et al.: S. 77.
268 Vgl. Wybranietz et al. 2013: S. 515.
269 Vgl. Gersch et al. 2011: S. 3.
270 Vgl. Bick et al.: S. 62 f.

„einfache und sichere Handhabbarkeit“[271] in Kombination mit einem „ansprechenden Design“[272] verbunden.[273] Entgegen gängiger Auffassungen des Usability-Begriffs hebt das BMFSFJ auch das Design als besonders relevantes Element für die Beurteilung von Produkten durch potenzielle Kunden hervor.

Glende et al. (2011) stellen in einer Untersuchung nutzerabhängiger Diffusionshemmnisse fest, dass die Anforderungen der AAL-Zielgruppe nur in unzureichendem Maße von den Produktherstellern umgesetzt werden. Ursächlich hierfür sind u.a. geringe Erfahrungswerte aus der Praxis hinsichtlich der Funktion und Gestaltung altersgerechter AAL-Produkte.[274] Obwohl benutzerzentrierte Systementwürfe zu einer potenziell höheren Akzeptanz führen, mangelt es vielen Unternehmen an „hinreichender Sensibilität“[275] für die Thematik, am Wissen über geeignete Instrumente zur Integration oder an verfügbaren (finanziellen) Ressourcen.[276]

Grundsätzlich besteht zwar ein Bemühen, AAL-Produkte an die individuellen Bedürfnisse der Endanwender anzupassen. Allerdings sind beteiligte Entwickler teilweise hochgradig ausgelastet oder generell zu wenig mit den Spezifika des komplexen Gesundheitswesens und den heterogenen Lebenswirklichkeiten der Senioren und anderer Adressatengruppen betraut.[277] Dies ist auch darauf zurückzuführen, dass die Produktentwickler in der Regel wesentlich jünger sind als die anvisierte Zielgruppe. Dennoch werden ältere Anwender und weitere Stakeholder kaum in Innovationsprozesse integriert,[278] obwohl dies im Bereich seniorengerechter Technik als existenziell betrachtet wird.[279]

3.6.5 Finanzielle Aspekte

Fachinger et al. (2012) sehen in der erheblichen Diskrepanz zwischen Umsatz- und Nachfragepotenzial eine zentrale Barriere, die der schnellen Diffusion von AAL-Anwendungen entgegenwirkt.[280] Entsprechend häufig lässt sich beobachten, dass die erwartete und die tatsächliche

---

271 Bundesministerium für Familie, Senioren, Frauen und Jugend März 2010: S. 26.
272 Bundesministerium für Familie, Senioren, Frauen und Jugend März 2010: S. 26.
273 Vgl. Bundesministerium für Familie, Senioren, Frauen und Jugend März 2010: S. 26.
274 Vgl. Glende et al. 2011: S. 8.
275 Klein-Luyten 2009. Zitiert nach: Theussig 2012: S. 40 [Online im Internet].
276 Vgl. Rode-Schubert 2012: S. 30 ff.
277 Vgl. Glende et al. 2011: S. 10.
278 Vgl. Glende et al. 2011: S. 8.
279 Vgl. Friesdorf et al. 2007: S. 187.
280 Vgl. Fachinger et al. März 2012: S. 35.

Nachfrage nach AAL-Lösungen weit auseinander liegen.[281] Gerade die Nachfrage nach Innovationen stellt allerdings eine wesentliche Determinante für den Erfolg des späteren Produkts dar.[282]

Momentan befindet sich das qualitative Nutzenversprechen im Fokus der Entwickler, allerdings sprechen einige Studien dafür, zukünftig auch das quantitative Nutzenversprechen mehr in den Vordergrund zu stellen, da insbesondere der Preis eine gewichtige Rolle bei der Kaufentscheidung spielt. Schwarzer et al. (2012) sehen einen Bedarf an Low-Cost-Produkten und berufen sich auf eine Studie zu Kundenanforderungen, in der 30 % der Befragten zustimmen, zugunsten eines niedrigeren Preises auf Qualität verzichten zu wollen.[283]

Der finanzielle Aspekt ist insbesondere vor dem Hintergrund der erwarteten Kaufkraftentwicklung, die eine „maßgebliche Determinante“[284] für die Nachfrage nach AAL-Systemen darstellt, zu beachten. Da die Kaufkraft der Haushalte von privatwirtschaftlichen Unternehmen nicht beeinflusst werden kann, gilt es, die Zahlungsbereitschaft der Haushalte zu erhöhen, um eine Steigerung des Nachfragepotenzials und damit eine umfangreiche Erschließung des Umsatzpotenzials zu bewirken.

---

[281] Vgl. Sengpiel 2013: S. 226.
[282] Vgl. Lüthje 2008: S. 1042.
[283] Vgl. Schwarzer et al. 2012: S. 2.
[284] Depner et al. 2010: S. 11.

4 Primärmarktforschung

4.1 Grundlegendes Forschungsdesign

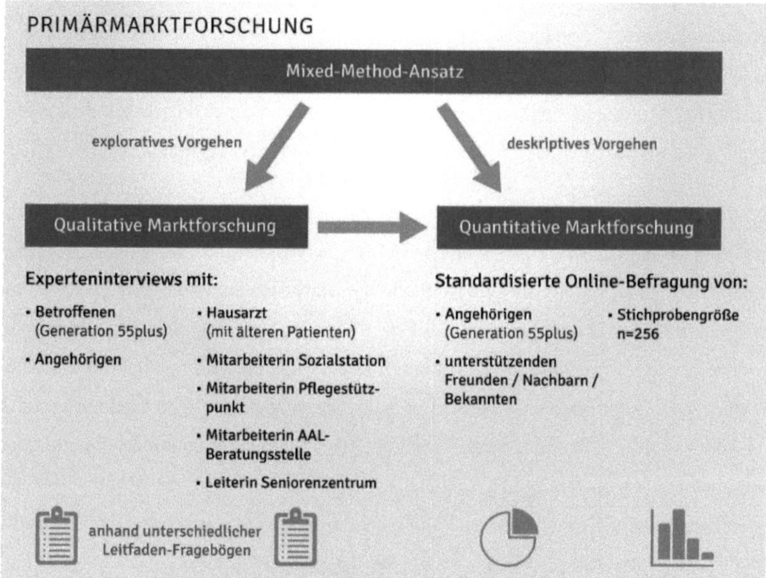

Abbildung 3: Grundlegendes Forschungsdesign

Abbildung 3 zeigt das grundlegende Design für die Primärmarktforschung, das auf dem Mixed-Method-Ansatz basiert und sich in qualitative sowie quantitative Marktforschungsaktivitäten gliedert. Das Forschungsdesign wird im folgenden Kapitel ausführlich beschrieben.

4.1.1 Der Mixed-Method-Ansatz

Quantitative und qualitative Marktforschungsverfahren standen sich in der Vergangenheit in der wissenschaftlichen Diskussion als Handlungsalternativen mit unvereinbaren Paradigmen gegenüber. Kuß (2012) bezeichnet die seit Jahren andauernde Auseinandersetzung innerhalb der Sozialwissenschaften als „teilweise erbittert“[285]. Die Puristen in beiden Lagern vertraten

[285] Kuß 2012: S. 135.

leidenschaftlich das jeweils eigene Paradigma als einzig geeignete Primärmarktforschungsmethode. Der Fokus der Betrachtung lag dabei stets auf den Unterschieden der beiden Methoden.[286]

Seit einigen Jahren verändert sich diese kompromisslose Haltung. Das qualitative und das quantitative Vorgehen werden nicht mehr als unvereinbare Gegensätze verstanden, die nicht kombiniert werden können,[287] sondern als komplementäre Methoden, die über jeweils eigene Stärken und spezifische Eignungen für dedizierte Anwendungsgebiete verfügen. Die bis dato emotional geführten Methodendebatten verschwinden zugunsten eines Prozesses des sachlichen Abwägens und konstruktiven Betrachtens des jeweils anderen Vorgehens.

Im Zuge dieser Entwicklung hat sich der Mixed-Method-Research-Ansatz (früheste Nennung in 1989[288]) als neuartiges Marktforschungsverfahren herausgebildet. Mixed-Method-Research wird von Johnson et al. (2004) als eine Methode der Marktforschung definiert, bei welcher die Forscher quantitative und qualitative Techniken, Methoden, Ansätze, Konzepte oder Sprachen in einer einzigen Studie vermischen oder kombinieren.[289] Damit wird versucht, die Stärken der beiden Ansätze zu kombinieren und jeweilige Schwächen gegenseitig zu kompensieren. Johnson et al. (2004) fordern, dass der Mixed-Method-Ansatz neben rein qualitativen und quantitativen Methoden als eigenständige Herangehensweise betrachtet wird, die genauso wie die beiden anderen Paradigmen unter gewissen Rahmenbedingungen einen überlegenen Ansatz darstellt.[290]

In der vorliegenden Studie wurde der Mixed-Method-Ansatz als Methode zur Primärmarktforschung verwendet. Das Experteninterview als qualitative Marktforschungsmethode wurde vor einer standardisierten, quantitativen Befragung eingesetzt, sodass eine sequenzielle, gleichberechtigte Abfolge der beiden Methoden erfolgte. Gemäß der Typologie nach Johnson et al. (2004) entspricht das gewählte Vorgehen damit dem *QUAL=>QUAN*-Ansatz.[291]

Die Wahl dieses Vorgehens beruhte auf zahlreichen Vorüberlegungen. Neben der Überzeugung von den allgemeinen Stärken des Ansatzes, sprachen auch studienspezifische Anforderungen für den Mixed-Method-Ansatz.

---

286 Vgl. Johnson et al. 2004: S. 14.
287 Vgl. Flick 2007: S. 122.
288 Vgl. Johnson et al. 2004: S. 14 f.
289 Vgl. Johnson et al. 2004: S. 17.
290 Johnson et al. 2004: S. 22 ff.
291 Vgl. Johnson et al. 2004: S. 22.

Als produktspezifische Schwierigkeiten sind die Neuartigkeit und der hohe Abstraktionsgrad zu nennen, der einen hohen Erklärungsbedarf erfordert. Da die Produktkonfiguration zum Zeitpunkt der Interviews noch nicht exakt feststand, sollte es den Befragten möglich sein, neue Ideen und Wünsche einzubringen. Der hohe Informationsbedarf rund um die Bewertung des Produkts und das Ziel, Nutzenwerte und Bedenken zu identifizieren, induzierten ein explorativ-qualitatives Vorgehen.

Ein weiterer Indikator für ein qualitatives Vorgehen war die Tatsache, dass der Markt für AAL-Anwendungen derart schwach entwickelt ist, dass keine festen Marktstrukturen bestehen. Somit war es notwendig, Kenntnisse über den hochgradig komplexen Gesundheitsmarkt zu erwerben, um sich einen groben Überblick verschaffen zu können.

Allerdings wird davor gewarnt, Ergebnisse qualitativer Untersuchungen als alleinige Basis für Analysen oder Entscheidungen zu verwenden.[292]Aufgrund der bereits erwähnten Pluralität der Stakeholder und der Heterogenität der potenziellen Zielgruppe sind die Erkenntnisse aus der qualitativ-explorativen Forschung im konkreten Fall besonders schwierig zu verallgemeinern.

Diese Problematik steht dem begründeten Interesse gegenüber, ein adäquates Bild über eine ausreichend große Personengruppe zu erhalten. Zur Abschätzung der Marktchancen werden zuverlässige Informationen benötigt. Deshalb lag es nahe, die in der qualitativen Forschung erhaltenen Erkenntnisse einer formellen Prüfung in der quantitativen Forschung zu unterziehen, um belastbare Informationen zu erhalten.

Auch Noelle-Neumann et al. (2000) weisen darauf hin, dass die qualitativen Verfahren zwar keine Repräsentativbefragung ersetzen, aber als vorgeschaltetes Instrument wichtige Erkenntnisse liefern können, die wesentliche Auswirkungen auf die Fragebogengestaltung der quantitativen Marktforschung haben.[293]

Die qualitative Forschung liefert damit eine wichtige Vorarbeit für die quantitative Arbeit, welche die explorativen Ergebnisse einer Konkretisierung sowie einer Prüfung durch eine repräsentativere Grundgesamtheit unterzieht.

---

[292] Vgl. Noelle-Neumann et al. 2000: S. 77.
[293] Vgl. Noelle-Neumann et al. 2000: S. 77 f.

4.1.2 Das Experteninterview als qualitatives Verfahren

Das Experteninterview ist laut Bogner et al. (2002) als qualitatives Erhebungsinstrument innerhalb der Sozialforschung sehr beliebt,[294] obwohl es selbst unter den Anhängern der qualitativen Forschung „als eigenständige Erhebungsmethode nicht allgemein anerkannt ist“[295]. Dieser Umstand macht sich u.a. dadurch bemerkbar, dass das Experteninterview in einschlägiger Grundlagenliteratur oftmals nur kurz oder gar nicht erwähnt wird. Insbesondere die Auswertung solcher Interviews wird wenig behandelt. Gegenstand der Beschreibung in der Literatur sind insbesondere „Fragen des Feldzugangs und der Gesprächsführung“[296].

Ein Grund hierfür stellt die Tatsache dar, dass das Experteninterview vergleichsweise geringfügig theoretisch-methodologisch untersucht und fundiert ist. Speziell für den Begriff des *Experten* existieren unterschiedliche Definitionen. Ferner wird kritisch angeführt, dass die Kriterien der Offenheit und Nicht-Beeinflussung des Experten durch den Interviewer häufig nicht gegeben sind.[297]

Einige Autoren bewerten die geringfügige methodologische Fundierung als unkritisch. Methodische Konzepte können zwar eine Hilfestellung für spezielle Forschungsvorhaben darstellen, deren konkrete Umsetzung erfordert aber eine Anpassung der methodischen Vorgaben an den jeweiligen Forschungskontext.[298] Dadurch kommt es zu stark divergierenden Interaktionsstrukturen während des Interviews, weshalb es unmöglich ist, ein festgeschriebenes Leitbild für Experteninterviews zu entwickeln.[299] Stattdessen gibt es eine Vielzahl zielführender Vorgehensweisen, die in erster Linie an den Forschungskontext angepasst sein müssen.[300]

Im vorliegenden Fall war die Durchführung von Experteninterviews naheliegend. Das Ziel bestand einerseits darin, ein umfassendes Bild über die Meinungen der Experten zum entwickelten Produkt zu erhalten. Andererseits war es auch wichtig zu sehen, welche Institutionen und Produkte die Experten kennen.

Im Gegensatz zu Fokusgruppen bestand bei den Experteninterviews die Möglichkeit, die Vertreter der unterschiedlichen Expertengruppen auf unterschiedliche Art und Weise anzusprechen

---

[294] Vgl. Bogner et al. 2002a: S. 7.
[295] Bogner et al. 2002a: S. 20.
[296] Meuser et al. 2002: S. 71.
[297] Vgl. Bogner et al. 2002a: S. 20.
[298] Vgl. Kassner et al. 2002: S. 109.
[299] Vgl. Bogner et al. 2002b: S. 33 f.
[300] Vgl. Kassner et al. 2002: S. 109.

und den Leitfaden von Interview zu Interview weiterzuentwickeln. Abgesehen von den Bedenken über die Inkompatibilität der unterschiedlichen Experten sprach der vergleichsweise geringere organisatorische Aufwand für die Durchführung von Experteninterviews.

4.1.3 Die standardisierte Online-Befragung als quantitatives Verfahren

In der quantitativen Forschung stehen die strukturierte, interpretationsfreie Erfassung von Sachverhalten und deren statistische Auswertung im Vordergrund.[301] Die Standardisierung gewährleistet, dass die Einzelauskünfte unmittelbar vergleichbar und einer rationellen Datenverarbeitung zugänglich sind.[302] Damit wird die standardisierte Befragung der Zielsetzung gerecht, die explorativ erworbenen Erkenntnisse der qualitativen Forschung zu konkretisieren, zu quantifizieren und mit statistischen Methoden zu prüfen.

Die Fragestellungen der quantitativen Befragung beinhalteten sowohl demoskopische als auch ökoskopische Elemente. In erster Linie ging es darum, Informationen über Meinungen, Erwartungen oder Handlungsmotive zu erhalten. In geringem Umfang wurden aber auch ökoskopische Daten bspw. zum Trageverhalten von Hausschuhen gewonnen.

Bei der standardisierten Befragung spielt die Art der Kommunikation eine wichtige Rolle.[303] Im konkreten Fall wurde eine nichtpersönliche Befragung in Form einer Online-Befragung gewählt. Dies ermöglicht die kostengünstige Erhebung der Meinung einer großen Personengruppe und die zeiteffiziente Auswertung der erhobenen Daten. Außerdem wird eine Beeinflussung durch den Interviewer und dessen Verhalten ausgeschlossen.

Ein potenzieller Nachteil der Online-Durchführung stellt die Tatsache dar, dass damit eine tendenziell überdurchschnittlich technikaffine Personengruppe erreicht wird, da Personen ohne internetfähigen PC nicht teilnehmen können. Dieser Bias kann im vorliegenden Fall aber sogar einen Vorteil darstellen, da mit der Befragung keine repräsentative Meinung, sondern insbesondere die Einstellung der relevanten Zielgruppe ermittelt werden sollte. Hierzu gehören ohnehin nur Personen, die zumindest einen PC benutzen.

[301] Vgl. Schwaiger et al. 2009: S. 421.
[302] Vgl. Berekoven et al. 2009: S. 93.
[303] Vgl. Berekoven et al. 2009: S. 93.

4.2 Das Produkt *FamilyNet* als Forschungsobjekt

4.2.1 Produktidee

Abbildung 4: Foto *FamilyNet*

Das im Rahmen dieser Studie zu evaluierende Produkt wurde unter dem Arbeitstitel *FamilyNet* von der Xybermind GmbH (Sitz in Tübingen) entwickelt und wird in einer Kooperation mit der Baden-Ambulanz gGmbH (Sitz in Durmersheim) im Raum Baden exklusiv vertrieben. Xybermind ist spezialisiert auf „die Entwicklung besonders innovativer und intelligenter Technologien für den Sport- und Medizinbereich“[304] und verfügt über ausgiebige Erfahrungen im Bereich der auf Sensordaten basierten Laufanalyse. Ein erstes Funktionsmuster für *FamilyNet* stand Anfang 2014 bereit.

Mit dem Produkt *FamilyNet* soll für Angehörige eine Möglichkeit bestehen, sich beständig über den Gesundheitszustand eines verwandten Seniors zu informieren und somit von stetiger Sorge über dessen Wohlbefinden entlastet zu werden, ohne dass dieser dafür aktiv etwas tun muss.

Durch transparent in die Hausschuhe des Seniors verbaute Sensorik werden folgende gesundheitsbezogene Parameter ermittelt und an die Angehörigen gesendet:

- Aktivität
- Gesundheitszustand
- Verhaltensauffälligkeiten
- Sturzrisiko

Die Angehörigen können über verschiedene elektronische Medien (E-Mail, SMS, App oder Internetportal) die Daten laufend einsehen und somit eine aktuelle Einschätzung über die gesundheitliche Situation des Seniors erhalten.

Ferner alarmiert *FamilyNet* den Angehörigen bei einer kritischen Verschlechterung der Werte oder im Falle eines Sturzes, der automatisch erkannt oder durch Ausführung einer speziellen

[304] Xybermind GmbH [Online im Internet].

Fußbewegung angezeigt werden kann. Die Nutzer des Systems haben die Möglichkeit, eine priorisierte Liste von Adressaten des Alarms zu hinterlegen. Nimmt ein Empfänger den Alarm nicht entgegen, so wird dieser an den nächsten Adressaten auf der Liste weitergeleitet. Die Einbindung einer dauerhaft besetzten Notrufzentrale zur Entgegennahme der Alarme kann auf Wunsch durch Hinterlegung deren Nummer realisiert werden. Durch den bilateralen Datentransfer zwischen Senior und benannten Angehörigen sollen datenschutzrechtliche Bedenken ausgeräumt werden.

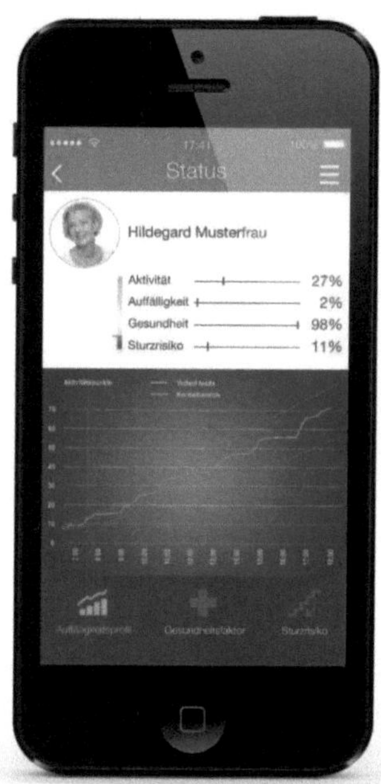

Abbildung 5: Design-Entwurf App

Der in Abbildung 5 dargestellte Designentwurf der geplanten App für das Smartphone zeigt die in Prozentwerten angegebenen Parameter. Daneben befindet sich ein Balken, der als Art Ampelsystem die einzelnen Parameter in Kombination bewertet und ein unmittelbares Indiz für die Kritikalität der aktuellen Situation darstellt.

Unter den Parametern ist das Aktivitätsprofil des aktuellen Tages ersichtlich, welches die Aktivitätspunkte in Abhängigkeit von der jeweiligen Tageszeit darstellt. In den ersten Wochen der Benutzung erlernt *FamilyNet* einen üblichen Verlauf der Tagesaktivität und setzt einen je nach Varianz der Tagesverläufe unterschiedlich breiten Normalbereich fest. Dieser ist als Korridor um den aktuellen Tagesverlauf der Aktivitätspunkte im Aktivitätsprofil sichtbar. Sofern das aktuelle Aktivitätsprofil innerhalb des Normalbereichs verläuft, wird keine Alarmmeldung abgesetzt.

Die errechneten Parameter und Profile können über Zeiträume von einigen Wochen und Monaten nachverfolgt werden, um ggf. eine schleichende Veränderung zu identifizieren.

In der Zukunft ist eine Erweiterung des Konzepts vorgesehen, indem bspw. ambiente Sensoren über dem Bett oder im Badezimmer integriert werden, um eine bessere Situationserkennung zu gewährleisten. Als weitere künftige Anwendung ist ein Biofeedback-basiertes Training zur Sturzrisikovermeidung oder zur Reparametrisierung des Gangbildes bspw. nach einer Hüft-Operation angedacht.

4.2.2 Technisches Produktkonzept

Aus technischer Sicht besteht das Produkt im Wesentlichen aus drei Komponenten:

- in der Schuhsohle untergebrachte Hardware (Sensoren und Elektronik)
- Mini-Computer[305] mit Internetverbindung
- App für das Smartphone (falls dieses zum Datenabruf genutzt wird)

Die von der Sensorik erhobenen Daten können im Schuh für einige Zeit zwischengespeichert werden. Sobald sich der Träger in Funk-Reichweite des in der Wohnung installierten Mini-Computers befindet, werden die Daten auf diesen transferiert. Falls der Haushalt über einen Internetanschluss verfügt, ist der Mini-Computer per Ethernet mit diesem verbunden. Alternativ nutzt der Mini-Computer das über Mobilfunk verfügbare Datennetz zur Versendung der Daten. Diese technische Konzeption erlaubt keine Alarmmeldungen außerhalb des Funkbereichs des Mini-Computers. Andere Umsetzungen, die über eine größere Funkreichweite verfügen, sind ebenfalls denkbar, falls ein entsprechender Bedarf besteht.

Die Hardware in den Schuhsohlen verbraucht Strom, mit dem diese durch einen verbauten Akku versorgt wird. Im Abstand von einigen Wochen muss dieser aufgeladen werden. Zu Beginn der Untersuchung wurden zwei verschiedene Auflade-Mechanismen diskutiert:

- Klassische Aufladung mittels eines kleinen Anschlusses an der Fußsohle, an den ein spezielles Ladekabel angeschlossen und mit der Steckdose verbunden wird.
- Aufladung durch eine elektrische Fußmatte, welche mit einem Stecker über die Steckdose ans Stromnetz angebunden werden kann. Wenn sich die Schuhsohle auf der Matte befindet, wird der Akku in der Sohle durch einen induktiven Mechanismus kontaktlos aufgeladen.

Aus technischer Sicht war das Produktkonzept zu Beginn der Marktforschung nicht final. Technische Überlegungen und Restriktionen sollten bei der Ermittlung der Kundenwünsche bewusst nicht berücksichtigt werden. Vielmehr wollten die Entwickler die technische Ausgestaltung ggf. an die Bedürfnisse der potenziellen Kunden anpassen. Daher sollte in der Primärmarktforschung bspw. auch geprüft werden, ob Hausschuhe ein geeigneter Unterbringungsort für die

---

[305] Bei einem Mini-Computer handelt es sich um einen Computer, der etwa die Größe einer Zigarettenschachtel hat. Das Gerät ist i.d.R. so klein, dass es kein Stromkabel benötigt, sondern direkt an die Steckdose angeschlossen werden kann.

Sensorik sind, welcher Lademechanismus präferiert wird und ob Alarmmeldungen auch außerhalb der Funk-Reichweite des Steckdosencomputers gewünscht werden.

4.2.3 Potenzieller Nutzen

Gemäß seiner Konzeption soll *FamilyNet* in erster Linie einen Nutzen für die Angehörigen, aber auch für die Senioren bieten. Im Folgenden werden die anvisierten Nutzenwerte für die Angehörigen dargestellt:

- Die übermittelten Parameter erlauben eine stetige, zuverlässige Einschätzung des Gesundheitszustands. Die Einschätzung dient als Entscheidungshilfe für die Notwendigkeit privater oder professioneller Unterstützung sowie ärztlicher Untersuchungen und für die Beurteilung der Frage, wann ein alleiniger Verbleib in der eigenen Wohnung kritisch ist. Die Parameter sind als Hilfestellung zur Objektivierung zu sehen. Die Interpretation der Werte obliegt den Angehörigen, die über den Senior und dessen Gewohnheiten am besten Bescheid wissen.

- Der Angehörige sieht jederzeit auch ohne direkte Kontaktaufnahme zum Senior, ob bei diesem alles in Ordnung ist und dessen Tag den gewohnten Verlauf nimmt. Er kann beruhigt sein und braucht sich nicht ständig Sorgen zu machen, da er im Falle einer kritischen Situation automatisch informiert wird.

- Der Angehörige wird schneller über Notfälle wie Stürze informiert und kann entsprechend zeitnah reagieren, um z.B. Folgeerscheinungen durch langes Liegenbleiben zu verhindern.

Für die Senioren ergibt sich der folgende Nutzen:

- Der Senior kann sich sicher sein, dass seine Angehörigen in einer kritischen Situation auf die Notwendigkeit der Hilfe selbstständig aufmerksam werden und entsprechend agieren können. Die Angst, nach einem Sturz unentdeckt und hilflos liegen zu bleiben, wird damit erheblich minimiert.

- Der Senior bekommt schneller Hilfe in einer kritischen Situation.

Im Rahmen der Primärmarktforschung ist insbesondere die Frage zu klären, ob diese Nutzenwerte von den potenziellen Konsumenten als solche wahrgenommen werden und in der Lage sind, die empfundenen Nachteile oder Bedenken bei Verwendung des Produkts zu überkompensieren, sodass ein Kaufanreiz entsteht. Ferner soll geklärt werden, welche Nutzenelemente am wichtigsten sind und ob diese einen Vorteil gegenüber klassischen Hausnotruf-Systemen darstellen.

4.3 Qualitative Primärmarktforschung

4.3.1 Auswahl der Experten

Der Auswahl der Experten kommt bei qualitativen Befragungen eine erhebliche Bedeutung zu.[306.] In erster Linie ist zu klären, wer im Rahmen des jeweiligen Forschungskontexts als Experte betrachtet werden kann. Die sicherlich weitreichendste Expertendefinition beruht auf der Evidenz, dass jeder Mensch ein Experte für die Bewältigung seines individuellen Alltags ist.[307] In diesem Sinne können beispielsweise chronisch Kranke als Experten für ihre Krankheit betrachtet werden,[308] da sie über eine Fülle eigener Erfahrungen verfügen. Eine wesentlich enger gefasste Definition liefern Bogner et al. (2002): „Der Experte verfügt über technisches, Prozess- und Deutungswissen, das sich auf sein spezifisches professionelles oder berufliches Handlungsfeld bezieht.“[309] Gemäß dieser Definition verfügt ein Experte über drei verschiedene Typen von Wissen:[310]

- Technisches Wissen i.S.v. Faktenwissen.
- Prozesswissen, das sich aus praktischen Erfahrungen im Kontext seiner beruflichen Tätigkeit ergibt.
- Deutungswissen i.S.v. Interpretationen und Erklärungsmustern des Experten.

Experten können die unmittelbare Zielgruppe der Untersuchung bilden oder eine zur Zielgruppe komplementäre Handlungseinheit darstellen. In letzterem Fall haben die Experten die Funktion, Informationen über den Handlungskontext der betroffenen Zielgruppe zu liefern.[311] Außerdem können sie auf weitere relevante Gesprächspartner mit ähnlichen oder konkurrierenden Meinungen verweisen und Kontakte vermitteln.[312] Solche Experten dienen ferner als „‘Kristallisa-

[306] Vgl. Glende et al. 2011: S. 20.
[307] Vgl. Bogner et al. 2002b: S. 40 ff.
[308] Vgl. Flick 2007: S. 214 f.
[309] Bogner et al. 2002b: S. 46.
[310] Vgl. Bogner et al. 2002b: S. 43.
[311] Vgl. Meuser et al. 2002: S. 75.
[312] Vgl. Bogner et al. 2002a: S. 8.

tionspunkte' des Insiderwissens"[313] und werden „stellvertretend für eine Vielzahl zu befragender Akteure interviewt"[314]. In vorliegender Studie wurden bewusst Vertreter der beiden vorgenannten Expertengruppen befragt, um sowohl primäre als auch sekundäre Quellen für die Informationsbeschaffung zu nutzen.[315]

Als Experten i.w.S. fungierten in der Befragung Senioren (Primärquelle) und Angehörige von Senioren als potenzielle Nutzer des *FamilyNet*. Personen, die berufsbedingt in regelmäßigem Kontakt mit Senioren und/oder deren Angehörigen stehen und somit eine Fremdwahrnehmung (Sekundärquelle) über diese darbieten können, bildeten die Experten i.e.S. Diese Experten werden fortan – bezogen auf ihren berufsbedingten Kontakt zu Senioren – professionelle Experten genannt.

Beim Sampling der Experten wurden verschiedene Kriterien berücksichtigt. Aufgrund der begrenzten zeitlichen und finanziellen Ressourcen war das entscheidende Kriterium die Bereitschaft zur Teilnahme und zeitnahe Verfügbarkeit i.S. eines „Annehmlichkeits-Sampling[s]"[316]. Darüber hinaus wurde darauf geachtet, dass die Senioren und Angehörigen sich möglichst einer der in Kapitel 3.4.2 beschriebenen Personanae zuordnen lassen. Die Gesamtheit der interviewten Senioren und Angehörigen sollte ein möglichst großes Spektrum an unterschiedlichen Personanae umfassen.

Folgende **Senioren** wurden interviewt:

- Seniorin 1 (73 J., Persona B1), eine pensionierte, unternehmenslustige Richterin, die bereits seit etwa 15 Jahren allein lebt, aber noch keinerlei Unterstützung benötigt. Sie ist geistig und körperlich noch sehr agil. Seniorin 1 hat einen großen Bekanntenkreis, mit dem sie viele verschiedene Aktivitäten ausführt, und schätzt ihre Selbstständigkeit sehr.

- Senior 2 (78 J., Persona B2) lebt seit etwa drei Jahren im betreuten Wohnen und hat außer seinen etwa gleichaltrigen Schwestern, die sich bei Bedarf um ihn kümmern, keine nahen Angehörigen. Seit einem Schlaganfall findet er alles mühselig; v.a. das

[313] Bogner et al. 2002a: S. 7.
[314] Bogner et al. 2002a: S. 7.
[315] Siehe hierzu auch: Friesdorf et al. 2007: S. 189.
[316] Flick 2007: S. 219.

Laufen bereitet ihm Schwierigkeiten. Dennoch macht er gerne kleinere Radtouren und bringt sich ehrenamtlich im Seniorenzentrum ein.

- Die Seniorinnen 3 und 4 (86 J. und 81 J., Persona B3) sind Freundinnen, die sich im betreuten Wohnen kennengelernt haben und viel Zeit gemeinsam verbringen. Entsprechend wollten sie sich auch gemeinsam interviewen lassen. Sie leben seit drei bzw. seit zwölf Jahren alleine, haben aber noch nahe Angehörige, die sich sehr um sie bemühen. Viel Hilfe benötigen sie indes nicht, weil sie v.a. kognitiv auf der Höhe sind. Eine der beiden hatte früher einen einfachen Angestelltenjob, die andere musste auf Wunsch ihres Mannes zuhause bleiben.

Folgende **Angehörigen** wurden interviewt:

- Angehörige 1 ist eine Studentin (23 J., Persona A3), die im gleichen Haus wie ihre 76-jährige Oma (Persona B2) lebt und sich gemeinsam mit ihrem Vater intensiv um diese kümmert. Zwar ist die Seniorin kognitiv noch auf der Höhe, kann allerdings nur noch schlecht laufen und stürzt oft. Die Angehörigen müssen sich mehrfach täglich um die Seniorin kümmern, was sie als belastend empfinden.

- Bei der Angehörigen 2 (63 J., Persona A1) handelt es sich um die einzige Tochter einer Seniorin (89 J., Persona B4), die seit einigen Monaten an Demenz erkrankt ist. Die Tochter kümmert sich gemeinsam mit ihrem Mann und ihrer eigenen Tochter um die Seniorin, weshalb sich die drei Personen gemeinsam interviewen lassen wollten. Körperlich ist die wenige Kilometer entfernt allein lebende Seniorin noch sehr fit, muss aber wegen ihrer Demenz mehrmals täglich betreut werden und besucht unter der Woche eine Tagespflege-Einrichtung.

- Angehörige 3 (50 J., Persona A2) ist beruflich stark eingebunden, mit moderner Technik bestens vertraut und vielseitig engagiert. Ihre 77-jährige Mutter (Persona B1) lebt etwa 300 km entfernt, sodass sich die beiden nur etwa einmal im Quartal sehen. Die Seniorin ist noch überaus fit, gestaltet ihren Alltag selbstständig, unternimmt Reisen, übernachtet teilweise außer Haus und hat kaum Beeinträchtigungen.

- Die vierte Angehörige (56 J., Persona A1) arbeitet halbtags in leitender Position und wohnt etwa eine halbe Autostunde von ihrer Mutter (81 J., Persona B2/B3) entfernt, die sie jede Woche besucht. Ihre Schwester wohnt direkt im Haus der Mutter und geht keiner Erwerbstätigkeit nach, sodass eine enge Betreuung sichergestellt ist, was die Angehörige stark entlastet.

Folgende **professionelle Experten** wurden interviewt:

- Leiterin eines Seniorenzentrum mit betreutem Wohnen, Tages-, Kurzzeit- und vollstationärer Pflege
- Mitarbeiterin der Ökumenischen Sozialstation, die momentan im Bereich Pflegehilfe und zuvor in der Betreuung tätig war
- Mitarbeiterin bei der Pflegeberatung (mit ihrer Praktikantin)
- Mitarbeiterin in einer auf Technik im Alter spezialisierten Beratungsstelle
- Hausarzt im ländlichen Bereich, der täglich ältere Patienten zu Hause besucht

4.3.2 Erstellung des Leitfaden-Fragebogens

Experteninterviews werden in der Regel als Leitfaden-Interviews durchgeführt[317] und stellen ein teilstrukturiertes Interview dar. Bei diesem Interview-Typ werden vorformulierte Fragen eines Gesprächsleitfadens in nicht-festgelegter Reihenfolge gestellt. Sich während des individuellen Interviewverlaufs ergebende Themen können en passant aufgenommen und im Bedarfsfall vertieft werden.[318] Leitfaden-Interviews stellen aufgrund ihrer Tiefgründigkeit, des breiten Spektrums an behandelten Themen und der vergleichsweise geringfügigen Beeinflussung des Interviewten durch die Verwendung unstrukturierter bzw. halbstrukturierter Fragen eine Fülle an validen Enthüllungen und wertvollen Informationen in Aussicht.[319]

Als Basis für die Durchführung der Experteninterviews wurden drei geringfügig unterschiedliche Leitfaden-Fragebögen erstellt. Damit wurde dem Umstand Rechnung getragen, dass Senioren, Angehörige und Professionelle über eine unterschiedliche Expertise verfügen und einen unterschiedlichen Blickwinkel auf die Thematik einnehmen. Die kompletten Fragebögen befinden sich im Anhang dieser Arbeit.[320]

Die sorgsame Gestaltung des Leitfaden-Fragebogens diente dazu, das Informationsinteresse zu konkretisieren und eine wichtige, gedankliche Stütze für mögliche Verläufe des Interviews zu

---

[317] Vgl. Liebold 2002. Zitiert nach: Flick 2007: S. 215.
[318] Vgl. Atteslander 2010: S. 135.
[319] Vgl. Flick 2007: S. 195 ff.
[320] Siehe hierzu Anlage A, Anlage B und Anlage C.

erzeugen. Ferner ist ein gut ausgearbeiteter Leitfaden-Fragebogen wichtig für die ergebnisneutrale Gestaltung der komplexen Interaktionsprozesse zwischen Interviewer und Interviewtem.[321]

Die Fragebögen enthalten zu Beginn in erster Linie einfach beantwortbare Verhaltensfragen und im weiteren Verlauf Einstellungs-/Meinungsfragen, die sich mit *FamilyNet* beschäftigen. Grundsätzlich entwickeln sich die gestellten Fragen von allgemein zu speziell und sind vier bis fünf logischen Blöcken zugeordnet. Als soziodemografisches Datum wurde lediglich das Alter des Befragten bzw. im Falle von Angehörigen zusätzlich das Alter des Seniors abgefragt. Dies geschah am Ende der Befragung.

Eine Besonderheit der Befragung stellt die Tatsache dar, dass das zu evaluierende Produkt erst etwa zur Hälfte des Interviews vorgestellt wurde. Mit dieser Vorgehensweise sollte verhindert werden, dass die Befragten allgemeine Informationen bereits auf das Produkt hin verengen und somit nicht alle Kenntnisse preisgeben.

In der Fachliteratur finden sich vielerorts Hinweise auf typische Herausforderungen bei der Formulierung geeigneter Fragen.[322] Entsprechend den Hinweisen wurde eine einfache Wortwahl ohne fremdsprachliche Ausdrücke oder in hohem Maße abstrakte Begriffe benutzt. Die Fragen waren neutral gestellt, um keine bestimmten Antworten zu provozieren. Ja-Nein-Fragen wurden nur als Filterfragen eingesetzt, um festzustellen, ob es sinnvoll ist, gewisse Themenbereiche überhaupt zur Sprache zu bringen. Bevorzugt wurden offene Fragen verwendet, um den Befragten zum freien, unbeeinflussten Erzählen anzuregen. Hiermit sollten auch Informationen zu habitualisierten Handlungen aus dem Alltag der Senioren erworben werden. Diese gehören zum Bereich des taziten Wissens, das nur unbewusst vorliegt und normalerweise kaum durch Sprache expliziert werden kann.[323] Konkrete Sachfragen wurden möglichst prägnant formuliert.

4.3.3 Durchführung der Interviews

Leitfaden-gestützte Befragungen stellen aufgrund der vielen Freiheitsgrade hohe Anforderungen an den Interviewer, welcher ad-hoc je nach Verlauf des Interviews über die Reihenfolge der Fragen und ggf. auch über deren Auslassung entscheiden muss. Ferner obliegt es dem Interviewer zu entscheiden, wann er tiefer nachhakt und wann er bei Abschweifungen wieder zum

---

321 Vgl. Berekoven et al. 2009: S. 99.
322 Bspw. in Atteslander 2010: S. 156 oder in Berekoven et al. 2009: S. 93 ff.
323 Vgl. Friesdorf et al. 2007: S. 136,177.

Leitfaden zurückkehrt. Dies erfordert ein hohes Maß an Sensibilität für den jeweiligen Interviewverlauf und gegenüber dem Gesprächspartner. Überdies sieht sich der Interviewer stets dem Dilemma ausgesetzt, zwischen begrenzt zur Verfügung stehender Zeit und dem i.d.R. verhältnismäßig hohen Informationsinteresse abzuwägen.[324]

Als generelle Fragestrategie hat sich eine „Haltung freundlichen Gewährenlassens"[325] als anzustrebende Normalform etabliert, bei der bspw. über Witze gelacht und über Sonderbares gestaunt wird. Unterstützende Bemerkungen sind ebenfalls zugelassen, wohingegen der Interviewer Meinungsäußerungen unterlässt, um den Gegenüber nicht zu beeinflussen.[326] Es sollte möglichst die angenehme Atmosphäre einer alltäglichen Gesprächssituation anstatt des interviewtypischen Charakters eines künstlichen Verhörs entstehen.[327]

Trotz aller Bemühungen können Verzerrungen und Beeinflussungen während des Interviews nicht gänzlich vermieden werden. Diese in solch komplexen sozialen Situationen unvermeidbaren Effekte sollten vielmehr einer kritischen Reflexion, systematischen Kontrolle und transparenten Diskussion unterzogen werden.[328]

Unabhängig vom Befragungstypus treten bei Interviews mit Senioren altersgruppenspezifische Herausforderungen auf, die in verschiedenen Publikationen[329] thematisiert werden. Obwohl die entsprechenden Empfehlungen nach Vermeidung von Expertensprache, Technikvokabular und Anglizismen befolgt und das Produkt behutsam präsentiert wurde, fehlte den Senioren ein entsprechendes Vorstellungsvermögen. Weitere Nachfragen erwiesen sich teilweise als nicht zielführend. Oftmals hatten die Senioren auch Nachfolgetermine und verstummten zunehmend, evtl. als Folge nachlassender Konzentrationsfähigkeit, dem Gefühl der Überforderung und dem einsetzenden Zeitdruck. Die offen gehaltenen, allgemeinen Fragestellungen, die zum unbeeinflussten Erzählen anregen sollten, überforderten die Senioren ebenfalls und führten teils zu starken Abschweifungen.[330]

Bei der Durchführung von Leitfaden-Interviews ist eine stetige Reflexion über den verwendeten Leitfaden-Fragebogen nach jeder einzelnen Befragung sinnvoll. Im Wesentlichen ergaben sich

---

[324] Vgl. Flick 2007: S. 223.
[325] Atteslander 2010: S. 136.
[326] Vgl. Atteslander 2010: S. 136.
[327] Vgl. Pfadenhauer 2002: S. 118.
[328] Vgl. Atteslander 2010: S. 171.
[329] Siehe hierzu bspw.: Resch et al. 2011: S. 129 ff. und Friesdorf et al. 2007: S. 204 f.
[330] Berichte von ähnlichen, praktischen Erfahrungen finden sich auch in: Friesdorf et al. 2007: S. 194.

hieraus aber nur geringfügige Veränderungen. Bspw. wurden die Informationen zum Produkt im Fragebogen für die Senioren stark gekürzt, um diese nicht zu überfordern.

4.3.4 Auswertung der Interviews

Wie bereits eingangs beschrieben gibt es in der Literatur nur wenige Handlungsempfehlungen hinsichtlich der systematischen Auswertung und Generierung von Informationen aus Experteninterviews.

Einen Modellvorschlag für die inhaltsanalytische Auswertung liefern Meuser et al. (2002).[331] Der inhaltliche Ablauf der einzelnen Interviews ist in diesem Modell für die Auswertung unerheblich. Stattdessen steht die Suche nach gleichen thematischen Einheiten im Vordergrund.[332] Die Vorgehensweise in dieser Studie wurde daran angelehnt.

Zuerst wurde vor Durchführung der Interviews ein Textdokument mit relevanten Themenblöcken auf Basis der Fragebögen vorbereitet. Falls neue Themen während der Interviews aufkamen, wurden diese im Dokument entsprechend ergänzt.

Mit einer Ausnahme durfte von sämtlichen Interviews eine Tonaufnahme angefertigt werden. Zeitnah nach der jeweiligen Durchführung eines Interviews wurde die Tonaufnahme ausgewertet. Wichtige Passagen aus den Interviews konnten hierbei paraphrasierend oder wörtlich in Zitatform den zuvor definierten Themenblöcken zugeordnet und verschriftlicht werden.[333] Der jeweilige Autor wurde farblich gekennzeichnet.

Nachdem dieser Schritt für alle durchgeführten Interviews abgeschlossen war, wurden die Textpassagen neu geordnet und durch Abstraktion gemeinsamer Motive auf das Wesentliche reduziert. Der Urheber der jeweiligen Aussagen blieb dabei weiterhin kenntlich. Hierauf basierend wurden übergeordnete Aussagen oder Erkenntnisse zu den jeweiligen Themenblöcken stichwortartig gesammelt.

---

331 Bestehend aus den folgenden Phasen: Transkription, Paraphrasierung, Erzeugen von Überschriften, thematischer Vergleich, soziologische Konzeptualisierung, theoretische Generalisierung.

332 Vgl. Meuser et al. 2002: S. 80 ff.

333 Auf eine vollständige Transkription wurde aus Zeitgründen verzichtet. Eine nah an den Interviewinhalten gehaltene Auswertung der Experteninterviews findet sich im digitalen Anhang dieser Master-Thesis.

Aus diesen übergeordneten Aussagen entstand die Gliederung für das nachfolgende Auswertungskapitel, in dem die jeweiligen Erkenntnisse ausführlich ausformuliert und mit Erkenntnissen aus der Literaturrecherche abgeglichen bzw. in Verbindung gebracht wurden.

4.3.5 Untersuchungsergebnisse

4.3.5.1 Der Alltag von Senioren und Angehörigen

Die Experten beschreiben die Tagesabläufe der Senioren als sehr unterschiedlich. Senioren haben genauso individuelle Tagesabläufe wie andere Personengruppen. Diese Erkenntnis ist kongruent zur in Kapitel 3.4.2 dargelegten Literaturmeinung über die Heterogenität der Lebensstile und Weltanschauungen der Senioren.

Hinsichtlich der Varianz der Tagesabläufe über mehrere Tage hinweg ist zwischen verschiedenen Personengruppen zu unterscheiden. Bei derjenigen Gruppe von Senioren, die bereits unter starken Beeinträchtigungen leidet und das Haus kaum noch verlässt, variiert der Ablauf über verschiedene Tage hinweg kaum. Im Laufe des Tages gibt es fest terminierte Ereignisse, die diesen strukturieren und die auch den Angehörigen exakt bekannt sind. Hierzu zählen in der Regel feste Zeiten des Aufstehens und Zubettgehens sowie für die Einnahme der Mahlzeiten. Auch der Besuch der Sozialstation kann einen wichtigen Fixpunkt im Tagesverlauf darstellen.

Anders verhält es sich bei den rüstigeren Senioren, die ihr Leben weitestgehend eigenständig gestalten. Zwar gibt es auch hier über den Tag verteilte Fixtermine, jedoch wird auf eine große Varianz hingewiesen, sodass kaum von einem typischen Ablauf gesprochen werden kann. Eine Expertin aus dem Bereich des betreuten Wohnens geht davon aus, dass die Senioren ihre Tage genauso individuell und verschiedenartig gestalten wie Personen in ihren Privathaushalten.

Die Auffassungen darüber, welche Tätigkeiten die Senioren als Herausforderung in ihrem Alltag betrachten, sind sehr unterschiedlich. Generell lässt sich nicht verallgemeinern, welchen Herausforderungen die Senioren zuerst begegnen und in welchem Alter damit zu rechnen ist.

Besonders häufig werden sowohl in der Schilderung der professionellen Experten als auch der Senioren Gehbeeinträchtigungen bspw. bei der Überwindung von Treppen oder beim Einstieg in die Duschkabine genannt. Insbesondere in wenig seniorengerechten Wohnungen führt dies zu einer eingeschränkten Mobilität. Weitere körperliche Probleme sind mangelnde Kraft bspw.

beim Öffnen von Behältnissen oder nachlassende feinmotorische Fähigkeiten z.B. beim Wechseln von Batterien.

Abgesehen von den körperlich bedingten Herausforderungen entstehen einige Schwierigkeiten durch die verminderten kognitiven Fähigkeiten. Senioren benötigen häufig Unterstützung beim Schriftverkehr, bei Behördengängen und bei organisatorischen Aktivitäten wie z.B. der Planung von Arztbesuchen. Besonders dementen Personen ist ihr vorhandener Unterstützungsbedarf teilweise nicht einsichtig.

Im Zusammenhang mit Gehbeeinträchtigungen wird in der Literatur die Sturzproblematik thematisiert.[334] Die Experteninterviews zeigen, dass die Angst zu stürzen bei den Senioren präsent ist, falls sie bereits eine Sturzerfahrung gemacht oder von einer solchen aus dem engeren Bekanntenkreis gehört haben. Allerdings fällt es den Senioren offenbar schwer, sich ihre (altersbedingt) erhöhte Sturzgefahr einzugestehen. Der Hausnotruf zur Prävention gegen das gefürchtete Szenario des unentdeckten Liegenbleibens wird mit Aussagen wie „So alt bin ich doch noch nicht!“ abgelehnt. Eine Kombination aus überschätzten eigenen Fähigkeiten und der offensichtlich stigmatisierenden Wirkung des Alt-Seins und der Sturzprophylaxe erscheinen ursächlich dafür, dass sich nur wenige Menschen um vorbeugende Maßnahmen bemühen.

Erst nach einer einschneidend negativen Erfahrung oder auf massives Drängen der Angehörigen werden manche Senioren von sich aus aktiv und informieren sich zumeist über ein Hausnotruf-System, wohingegen die professionellen Experten das Thema frühzeitig adressieren und versuchen, präventive Maßnahmen zu veranlassen. Die Sozialstation führt bspw. bei neuen Kunden obligatorisch eine Sturzanalyse durch und weist auf vorhandene Sturzrisiken hin.

Die im Zusammenhang mit Stürzen erkennbare Tendenz zur Selbstüberschätzung und insbesondere das geringe Interesse an präventiven Maßnahmen scheinen generalisierbar zu sein. An vielen Stellen in den Experteninterviews wird deutlich, wie schwer es den Senioren fällt, sich ihre Unterstützungsbedürftigkeit einzugestehen.[335] Manche Senioren möchten ihre Einschränkungen nicht sehen, andere beurteilen ihre Schwächen zwar weitestgehend realistisch, scheuen sich aber, Hilfe zu beanspruchen. Auch der Sozialstation gelingt es nur mit viel Überzeugungsarbeit, bei manchen Senioren in die Wohnung zu gelangen, um letztlich die von Angehörigen

334 Vgl. Kapitel 3.4.3, in dem das Thema aus Literatursicht kurz thematisiert wird.

335 Vgl. hierzu Kapitel 3.4.3, in der bspw. eine Studie zitiert wird, die belegt, dass Senioren ihren Gesundheitszustand zumeist überraschend positiv einschätzen.

beauftragte, benötigte Unterstützungsleistung erbringen zu können. Der Begriff des „Helfens" muss dabei vermieden werden.

Besonders eindrucksvoll sind hierzu die Schilderungen einer sehr rüstigen und unternehmungslustigen Seniorin, die ihr Leben völlig autonom bewältigt. Obgleich sie es als „unvernünftig" bezeichnet, sich nicht mit seniorengerechten Wohnformen und AAL-Produkten zu beschäftigen, gibt sie zu, dass sie sich nicht mit dem Gedanken auseinandersetzen möchte, ihr Leben nicht mehr in der gewohnten Form gestalten zu können.

Zum einen wollen die Senioren sich ihren Unterstützungsbedarf nicht eingestehen, zum anderen haben sie Schwierigkeiten, sich auf Veränderungen einzulassen. Die Angehörigen der täglich unterstützungsbedürftigen Senioren berichten, dass sie bei jeglichen Neuerungen auf eine genuin ablehnende Haltung treffen. Teilweise müssen die Angehörigen viel Überzeugungsarbeit leisten, um die Senioren von neuen Produkten, die zu deren Wohl beschafft werden, zu überzeugen. Trotz der anfänglichen Ablehnung sind die Senioren in der Retrospektive häufig froh über die neuen Hilfsmittel. Die aversive Haltung zeigt sich auch gegenüber anderen Veränderungen wie den Besuch einer Tagespflegeeinrichtung oder den Umzug aus der vertrauten Umgebung. Daher äußert eine professionelle Expertin die Vermutung, dass ältere Menschen nicht spezifisch technikavers sind, sondern grundsätzlich „mental unbeweglicher" und damit weniger zugänglich für jegliche Neuerungen.

Konträr zur kolportierten Technikaversion der Senioren[336] berichtet die Leiterin des betreuten Wohnens, dass die Bewohner zunehmend technische Geräte einfordern. Auch diejenigen Personen, die eine Beratung für AAL-Produkte in Anspruch nehmen, entschließen sich letztlich in aller Regel für den Kauf mindestens eines Produkts und zeigen keine kategorische Ablehnung.

Ein gewisses Interesse an i.w.S. modernen, technischen Geräten (Handy, Flachbild-Fernseher, E-Bike) reflektieren zudem die Aussagen der Senioren im betreuten Wohnen. Gleichermaßen wird indes deutlich, dass es bereits viele negative Nutzenerfahrungen und eine grundsätzliche Tendenz zur Überforderung gibt. Letztlich wollen die befragten Senioren von modernen Dingen wie dem Internet nichts wissen und geben an, mit moderner Technik auf Kriegsfuß zu stehen. Die technikkritische Einstellung scheint die Konsequenz aus negativen Nutzungserfahrun-

[336] Vgl. hierzu Kapitel 3.6.2, in dem bereits beschrieben wurde, dass die in den vergangenen Jahren kolportiere Technikaversion der Senioren in der Literatur inzwischen kontroverser und differenzierter betrachtet wird.

gen, charakterisiert durch eine empfundene Unbeherrschbarkeit und Überforderung, darzustellen.

Unter den Experten herrscht Einigkeit darüber, dass die Nachfrage nach technischen Produkten deutlich zunehmen wird, da kommende Generationen einen positiveren Bezug zu moderner Technik haben.

4.3.5.2 Die Rolle der Angehörigen

Die Angehörigen bilden ähnlich wie die Senioren eine heterogene Personengruppe. Angehörige und Senioren schätzen den Hilfebedarf oft unterschiedlich ein und haben verschiedene Bedürfnisse und Nöte. I.d.R. fragen die Angehörigen Beratungs-, Unterstützungs- und Pflegeleistungen nach. Die Senioren tun dies nur sehr selten.

Allerdings ist es für die Angehörigen – wie auch für die professionellen Experten und die Senioren – schwierig, die Frage zu beantworten, welche Institutionen die ersten Anlaufstellen für hilfsbedürftige Angehörige oder Senioren darstellen. Folgende Quellen für professionelle Beratung wurden in den Interviews genannt (geordnet nach Häufigkeit der Nennung):

- Sozialstation
- Pflegestützpunkt
- Hausarzt
- Internet (selbstständige Informationsbeschaffung)
- betreutes Wohnen / Pflegeheim / Pflegedienst

An die Pflegeberatungsstellen wenden sich oftmals Angehörige, die weit entfernt wohnen und den Eindruck haben, der angehörige Senior brauche Hilfe, wolle diese aber nicht annehmen. Dennoch agieren auch die Angehörigen nur selten proaktiv, sondern weisen die entstehende Problematik möglichst lange von sich. In der akuten Situation fühlen sich die Angehörigen dann überfordert, da es vorher keine Berührungspunkte mit der schwierigen Thematik gab.

Gerade solche Angehörige, die sich alleine um den Senior kümmern, sind häufig hochgradig psychisch belastet,[337] und zwar aus zweierlei Hinsicht: Zum einen ist ihre Arbeitslast real dadurch erhöht, dass sie dem Senior diejenigen Tätigkeiten abnehmen müssen, die dieser nicht mehr eigenständig bewältigen kann. Zum anderen sind die Angehörigen emotional überfordert,

---

[337] Siehe hierzu auch eine korrespondierende Statistik in Infratest Sozialforschung 2003: S. 23.

da sie eine große Verantwortung tragen müssen, der sie sich nicht immer gewachsen fühlen und die ihnen ständig Sorgen bereitet.

Die Benennung konkreter Sorgen und Ängste fällt den Angehörigen schwer. Aus ihrem Umgang mit denselben identifizieren indes die professionellen Experten folgende typische Sorgen:

- Sorge, sehr präsent sein zu müssen bzw. sich zu eng zu binden
- Sturzgefahr des Seniors
- Frage, wie lange ein Alleinleben noch möglich ist
- Angst, dass der Senior etwas beschädigt oder wegläuft
- Angst, dass der Senior Hilfe benötigt, der Hausnotruf aber nicht funktioniert
- Verwahrlosung / Vereinsamung

Im Kontakt mit der Pflegeberatungsstelle fragen die Angehörigen nach Möglichkeiten, um dem Senior das Leben zu erleichtern. Ferner möchten sie wissen, welche Tätigkeiten durch professionelles Personal übernommen werden können. Dagegen interessieren die Angehörigen sich nicht für Möglichkeiten, welche die Erbringung der Unterstützungsleistungen erleichtern.

Neben der Unkenntnis über die teilweise gesetzlich zustehenden Angebote an Beratungs- und Hilfsleistungen scheinen manche Angehörige gehemmt, diese zu beanspruchen und können sich ihre eigene Hilfsbedürftigkeit ob der herausfordernden Situation schlecht eingestehen.

Dennoch spielen sie nicht nur die maßgebliche Rolle bei der Übernahme von Betreuungstätigkeiten und der Einholung von Beratung, sondern auch bei Kaufentscheidungen von AAL-Produkten. Zwar verlaufen die Entscheidungsprozesse sehr unterschiedlich, allerdings fast nie ohne Beteiligung der Angehörigen: Diese beraten i.d.R. die Senioren, treffen die Entscheidung oftmals im Wesentlichen und gehen dabei in Einzelfällen sogar über die Meinung der Senioren hinweg. Dies deckt sich mit der in der Literatur dokumentierten Erfahrung aus AAL-Projekten.[338]

Besonders interessant für anvisierte Vertriebsaktivitäten ist die Tatsache, dass ein Kauf nur bei übereinstimmender Zustimmung von Angehörigen und Senioren getätigt wird. Sowohl Senioren als auch Angehörige besitzen zumeist eine Art ‚Veto-Recht' gegen die Kaufentscheidung.

---

[338] Siehe hierzu bspw.: Porsch et al. 2013: S. 85 oder Steinhage et al. 2012.

Die Angehörigen selbst schätzen ihren Einfluss auf die Kaufentscheidung unterschiedlich hoch ein. Eine Angehörige würde sich zwar bemühen, die Seniorin zu überzeugen,[339] eine beständige Ablehnung aber letztlich akzeptieren. Eine andere Angehörige einer noch sehr eigenständig lebenden Seniorin würde eine gleichberechtigte Diskussion über den möglichen Kauf führen. Demgegenüber geben die Angehörigen einer zunehmend dementen Seniorin zu, den Kauf notfalls gegen deren Willen auszuführen. Wenn sich die Angehörigen über den Willen der Senioren hinwegsetzen, führt das nach Erfahrung der Pflegeberatung allerdings oftmals dazu, dass die Produktnutzung von den Senioren boykottiert wird.

Empfehlungen holen sich die Angehörigen bei den zuvor genannten Beratungsstellen, den Krankenkassen (besonders hinsichtlich der Kostenübernahme), befreundeten Personen, die im Gesundheitsbereich beruflich tätig sind, oder bei Freunden und Bekannten, die bereits in einer ähnlichen Betreuungssituation waren.

Es fällt den Angehörigen allerdings schwer, diese Quellen nach Vertrauenswürdigkeit zu sortieren. Grundsätzlich werden Vertreter aus dem persönlichen Umfeld nicht als vertrauenserweckender eingeschätzt als professionell mit dem Thema betraute Institutionen. Einzig der Hausarzt erscheint besonders vertrauenserweckend zu sein.

4.3.5.3 Das Produkt *FamilyNet*

Nach einer kurzen Vorstellung des Produkts wurden die Befragten jeweils offen um ihre Meinung gebeten. Allen Gruppen von Befragten fiel es schwer, ein eindeutiges Urteil über *FamilyNet* abzugeben. Die Experten wirkten gedanklich angestrengt und änderten ihre Einstellung teilweise während des Interviewfortgangs. Insbesondere die befragten Senioren waren damit überfordert, sich das Produkt vorzustellen. Als wesentliche Erkenntnis lässt sich also die hohe Erklärungsbedürftigkeit des Produkts feststellen.

Die Grundidee des Produkts wird generell positiv oder zumindest als „ausbaufähig" bewertet. Vor dem Hintergrund des „Sponsorship-Effekts"[340] sind diese Beurteilungen allerdings vorsichtig zu interpretieren. Zwar wurde in den Befragungen darauf hingewiesen, dass der Interviewer dem Produkt neutral gegenübersteht, dennoch ist es nicht auszuschließen, dass manche Bewertungen aus Höflichkeit positiver formuliert wurden.

---

[339] Siehe hierzu auch die korrespondierende Literaturmeinung in Hofer 2011: S. 104 ff.

[340] Noelle-Neumann et al. 2000: S. 93.

Einige Befragte empfinden *FamilyNet* als sehr innovativ und modern. In einem Fall wird sogar von einer „Weltneuheit“ gesprochen. Von in Schuhen untergebrachten Sensoren hat noch keiner der Befragten etwas gehört. Konträr dazu betrachten einige Experten *FamilyNet* nur als eine Art *erweiterten Hausnotruf*.

Bzgl. der Unterbringung der Sensorik in Schuhsohlen zeigt sich eine außerordentlich hohe Übereinstimmung der Einzelmeinungen. Die Idee wird von allen Befragten, teils selbstständig ohne konkrete Nachfrage, als sehr gut bewertet. Bei der Frage nach Alternativen diskutierten die Befragten die Möglichkeit der Unterbringung in anderen Kleidungsstücken, einer Art Armband oder in einer Uhr, bewerteten diese Alternativen aber stets als weniger geeignet.

Maßgeblich für die positive Beurteilung ist die Tatsache, dass die allermeisten Senioren in ihrem Haushalt regelmäßig Hausschuhe tragen. Diese für die Produktidee essenziell wichtige Information konnte mithilfe der Literaturrecherche zuvor nicht geklärt werden, da zur Verfügung stehende Statistiken rar und teilweise veraltet waren oder nicht auf ausreichend großen Stichproben basierten.[341]

Normalerweise wird immer das gleiche Paar Hausschuhe verwendet, teilweise aber auch zwei Paare im Wechsel. Ob die Schuhe auch bspw. beim nächtlichen Toilettengang getragen werden, war in den Befragungen kaum zu ermitteln. Die meisten Senioren geben allerdings an, selbst nachts beim Verlassen des Bettes ihre Hausschuhe anzuziehen.

Das Anziehen von Hausschuhen erfordert keine Änderung der Gewohnheiten und keinen zusätzlichen Aufwand, was im Bereich der leichten Demenz einen entscheidenden Vorteil darstellt. Ein weiterer Vorteil ist laut Expertenmeinung die Tatsache, dass von professionell betreuenden Personen ohnehin auf das Tragen von Schuhen hingewirkt wird, da dies eine Minderung des Sturzrisikos zur Folge hat.

Nach der grundsätzlichen Beurteilung von *FamilyNet* wurden die professionellen Experten jeweils gebeten, eine Meinung darüber abzugeben, was eine geeignete Zielgruppe für das Produkt sein könnte. Folgende Kriterien wurden hierbei (explizit oder implizit) genannt:

- Alleinlebende Senioren mit strukturierten Tagesabläufen, die sturzgefährdet sind (Zielgruppe für Hausnotruf)

---

[341] Siehe hierzu eine Übersicht über zusammengetragene Statistiken in der wissenschaftlichen Literatur in Anlage E.

- Senioren, die das Haus eher selten verlassen, aber nicht ans Bett gebunden sind
- Ängstliche Menschen oder Menschen, die bereits gestürzt sind
- Senioren mit Angehörigen, die sich kümmern möchten und reagieren können (in der Nähe wohnen)
- Senioren, die ein großes Vertrauen zu Angehörigen haben (Überwachung) oder Angehörige, welche die Kaufentscheidung eigenständig treffen
- Angehörige, welche über die technischen Möglichkeiten verfügen (PC/Handy/Smartphone) und diese beherrschen können
- Senioren, die zuhause (Haus-)Schuhe tragen
- Senioren mit entsprechender Zahlungskraft

Im stark dementen Bereich oder wenn die Betroffenen das Bett kaum noch verlassen, bietet das Produkt keinen Nutzen mehr. Gemeinsam lebende Paare meinen i.d.R., selbst gut genug aufeinander aufpassen zu können und interessieren sich daher eher nicht für *FamilyNet*.

Die Einschränkung, dass Angehörige in der Nähe leben müssen, um auf Notrufe schnell reagieren zu können, deckt sich nicht zwangsläufig mit der Zielsetzung des Produkts, eine Beruhigung aus der Ferne zu gewährleisten. Auch hier haben die Angehörigen den Notfall eher im Blick als die stetige Überwachung.

Bei den maßgeblichen Anforderungen an das Produkt herrscht weitestgehend Einigkeit und eine hohe Übereinstimmung mit den in der Literatur typischerweise im Zusammenhang mit AAL-Produkten beschriebenen Anforderungen.[342] Alle Experten betrachten eine geringe Komplexität in der Bedienung als primäre Anforderung. Die Verwendung soll so verständlich und intuitiv sein, dass keine lange Bedienungsanleitung benötigt wird, die Senioren sich nicht überfordert fühlen und nicht zu viel Einarbeitungsaufwand anfällt.

Als weiteres Kriterium wurde eine gewisse optische Attraktivität genannt. Selbst ein Hausnotruf-Knopf sollte optisch ansprechend gestaltet sein, um nicht stigmatisierend und ablehnend zu wirken.

[342] Kriterium *Nutzbarkeit* z.B. in BMBF/VDE Innovationspartnerschaft AAL 2011b: S. 2 oder die Kriterien *leichte Bedienbarkeit* und *optisch ansprechend* in Betz et al. 2010b: S. 71 oder die Kriterien *Sicherheit* und *einfache Reinigung* in Friesdorf et al. 2007: S. 80.

Ferner nennt eine professionelle Expertin die Robustheit der Geräte als wichtige Anforderung. Es geschehe häufig, dass die Geräte herunterfallen, mit Wasser übergossen oder mit klebrigen Fingern bedient werden. Die Senioren sollten keine Angst haben müssen, das Produkt zu beschädigen. Die Angst, bei der Bedienung etwas kaputt zu machen, nennt eine befragte Seniorin als ihre größte Sorge. Ferner werden Vereinfachungen zur Kompensation des eingeschränkten Sehvermögens gewünscht, wie bspw. große, beleuchtete Tasten.

Nicht zuletzt wird der Preis als maßgebliches Kriterium genannt. Die professionellen Experten weisen darauf hin, dass die Kosten eine große Rolle spielen, da die Senioren teilweise nicht über entsprechende finanzielle Mittel verfügen. Grundsätzlich sind die Senioren extrem sparsam und stets bemüht, die finanziellen Reserven für ihre Angehörigen aufzusparen. Diese bestätigen in den Interviews ihrerseits, dass der Preis ein erhebliches Kaufkriterium darstellt.

Den Kauf des Produkts machen die Befragten davon abhängig, wie gut dieses das Nutzenversprechen im realen Test erfüllen kann und ob die Ausstattung mit gewünschten Zusatzfunktionen möglich ist.

Je älter ein potenzieller Kunde ist, desto mehr bevorzugt dieser den Vertrieb durch einen möglichst ortsnahen Fachhändler, der bei späteren Rückfragen kontaktiert und eingebunden werden kann. Bei größeren Elektronikhändlern wie z.B. Media Markt werden entsprechende Produkte von Betroffenen oder Angehörigen nicht vermutet. Der Vertrieb über das Internet ist für Senioren ausgeschlossen. Da Angehörige diesen Kanal indes vermehrt nutzen, gibt es dennoch eine starke Tendenz zum Ausbau des Online-Vertriebs.

Abgesehen von den stark spezialisierten Vertriebsquellen wie Elektronikfachhändler oder Orthopädiefachhändler spielt das Sanitätshaus insbesondere für medizinisch-pflegerische Produkte eine exponierte Rolle. Die Experten erwarten i.d.R., dass sie dort AAL-Produkte und auch das *FamilyNet* kaufen können. Die befragten Senioren kennen ebenfalls Sanitätshäuser in der näheren Umgebung und waren dort bereits vor Ort, z.B. zum Kauf eines Rollators. Das Angebot von Beratungs- und Wartungsleistungen ist ihnen wichtig.

Um Kunden auf das *FamilyNet* aufmerksam zu machen, empfehlen die professionellen Experten, dieses bei den entsprechenden Beratungseinrichtungen und beim Sanitätshaus vorzustellen. Zur Adressierung derjenigen Senioren, die bereits gestürzt sind, bietet sich die Kontaktaufnahme zum sozialen Dienst der Krankenhäuser an. Für die Übernahme der Kosten des *Family-*

Net durch die Krankenkassen sehen die professionellen Experten gute Chancen, insofern es als eine Art Hausnotruf eingebracht wird.

Insgesamt zeigt sich bei allen befragten Experten (auch den professionellen) eine gewisse Unsicherheit, wo einzelne Produkte zu vermuten sind. Offenbar hat sich im zweiten Gesundheitsmarkt noch keine klare Struktur für Vertriebskanäle herausgebildet.

4.3.5.4 Die Bedenken gegenüber *FamilyNet*

Grundsätzlich reagieren viele Befragte mit der Äußerung verschiedenartiger Bedenken auf die Produktvorstellung. Diese werden im Folgenden in gesammelter Form dargestellt.

Überwachung

Kontrovers wird der Überwachungsaspekt durch die dauerhafte Erhebung und Weiterleitung der Daten an Dritte diskutiert. Während einige Befragte bereits während der Vorstellung des Produktes auf diesen kritischen Punkt hinweisen, erachten andere Befragte diesen Aspekt als unkritisch.

Die meisten Experten vermuten, dass die Senioren im Gegensatz zu den Angehörigen die Überwachung nicht gutheißen und das Produkt deshalb ggf. kategorisch ablehnen. Der Einsatz des Produktes könnte in der Wahrnehmung der Senioren die eigenständige Lebensführung einschränken. Gerade die alleinlebenden Senioren sind dies nicht gewohnt. Besonders rüstige Personen könnten sich ggf. der Überwachung verwehren und auch erheblichen Widerstand gegen die Meinung der Angehörigen leisten.

Eine Seniorin empfindet es als Manko, dass das System einfach auszutricksen ist, indem der Betroffene den Schuh mit *FamilyNet* nicht anzieht. Implizit geht sie offenbar davon aus, dass die Senioren zur Nutzung von *FamilyNet* genötigt werden. Der Hinweis auf den Zugewinn an Sicherheit konnte diese Seniorin nicht überzeugen.

Eine Seniorin im betreuten Wohnen erweckt den Eindruck, dass es ihr unrecht ist, wenn ihre Angehörigen so viel von ihrem Tagesgeschehen mitbekommen. Einen anderen Senior im betreuten Wohnen, der keine nahen Angehörigen hat, stört die Vorstellung, dass die Wohneinrichtung seine Werte überwacht, nicht. Er verstände dies als Teil des Betreuungsangebots.

Im Pflegebereich betrachtet die Leiterin des Seniorenzentrums den Einsatz von *FamilyNet* gar als freiheitsfördernd für den Patienten und akzentuiert damit den positiven Aspekt der Überwachbarkeit. Sehr stark sturzgefährdete Personen dürfen sich nur noch unter Betreuung bewegen oder (zu gewissen Zeiten) gar nicht mehr aufstehen. Für diese Personen kann *FamilyNet* eine autonomere, aktivere Gestaltung des Alltags ermöglichen.

Die Angehörigen von noch sehr autonom lebenden Senioren ohne demente Tendenzen haben Bedenken, ob die Senioren die Überwachung dulden würden. Für zwei Angehörige ist es wichtig, dass auch die Seniorin die erhobenen Daten einsehen kann bzw. dass ihr die Funktionsweise des Produkts und die erhobenen Daten erklärt werden. Dann wäre der Eingriff in die Privatsphäre der Seniorin für sie akzeptabel.

Abschließend lässt sich konstatieren, dass sich ein Teil der Angehörigen letztlich nicht am Überwachungsgedanken stört. Diese Angehörigen versuchen, die Senioren zu überzeugen, oder sind teilweise bereit, sich auch eigenmächtig über deren Meinung hinwegsetzen. Anderen Angehörigen ist ein hohes Maß an Zustimmung, Verständnis und Partizipation der Senioren wichtig, um Transparenz in der Überwachung zu schaffen.

Zusätzliche Belastung durch übernommene Verantwortung

Die Bereitstellung der errechneten Parameter soll die Angehörigen beruhigen und ihnen ein Gefühl der Sicherheit vermitteln. Im Rahmen der Beurteilung des Produkts stellt sich allerdings die Frage, ob die Möglichkeit der Überwachung durch das Gerät eine Entlastung oder eine zusätzlich belastende Verantwortung darstellt.

Die Bereitstellung der Daten versetzt die Angehörigen in die Verantwortung oder gar Pflicht, sich mit diesen Daten auch zu befassen. Sie könnten sich genötigt fühlen, die Daten stets im Blick zu haben, richtig zu interpretieren und ständig erreichbar für Notrufe zu sein. Durch diese große Verantwortung könnte für die Angehörigen eine zusätzliche Belastung entstehen, die den eigentlich anvisierten Produktnutzen konterkariert.

Einerseits sorgen sich die Angehörigen i.d.R. sehr um die Senioren und möchten wissen, wie es diesen geht. Andererseits wird ein zu enges Verhältnis und die Forderung nach einer ständigen Erreichbarkeit als belastend und wiederum besorgniserregend beschrieben.

Zwei Seniorinnen vermuten unabhängig voneinander, dass deren Angehörige auf Bitten hin, die Überwachung als eine Art ‚Gefälligkeit' übernehmen würden. Die Angehörigen wären dann verpflichtet, trotz ihrer Berufstätigkeit und aus der Ferne die Daten im Auge zu behalten und insbesondere in Notsituationen zu reagieren. Diese zusätzliche Arbeit möchten die Seniorinnen ihren Angehörigen nur sehr ungern aufbürden. Auch die Senioren selbst wollen sich nicht dem System verpflichtet fühlen oder gar zu „Sklaven der Sohle“ werden.

Die Mitarbeiterin der Sozialstation gibt ferner zu bedenken, dass sich die Mehrheit der Angehörigen nicht ernsthaft für die Senioren interessiert. Selbst wenn Angehörige das System kauften, dann würde ihre Bereitschaft, die Daten zu überwachen, nur in den ersten Tagen nach dem Erwerb bestehen. Auch der befragte Hausarzt bezweifelt, dass Angehörige an einer derart intensiven Beschäftigung mit der Problematik und dem Produkt interessiert sind.

Die Tatsache, dass die Angehörigen bzgl. der Verantwortungsübernahme weniger Bedenken äußern, lässt verschiedene Interpretationen zu. Eventuell sehen sie sich bereits ohnehin in der Verantwortung und empfinden die gesteigerte Sicherheit tatsächlich als Entlastung. Andererseits ist es auch möglich, dass sich die Angehörigen überschätzen und in der konkreten Situation die Verantwortung letztlich doch als belastend und überfordernd empfänden.

Produktkomplexität

Viele Experten hinterfragen die Funktionsweise des Produkts skeptisch. Besonders bei der Erwähnung des Parameters *Gesundheitszustand* waren sämtliche Experten überfordert und bezweifelten die Aussagekraft der Werte. Sie können sich nicht vorstellen, wie die Bestimmung eines solchen Parameters aus den erhobenen nicht-medizinischen Daten vonstattengeht und lassen sich auch durch die Berufung auf die wissenschaftliche Forschung kaum überzeugen. Ferner geben sie zu bedenken, dass ein veränderter Lebensstil bzw. eine abweichende Tagesgestaltung noch kein Indiz für einen veränderten Gesundheitszustand oder gestiegenen Unterstützungsbedarf darstellt.

Letztlich könnte die Verfügbarkeit der komplexen Parameter sogar kaufhemmend wirken, da sie Überforderung und Misstrauen gegenüber dem Produkt auslösen.

Fehlalarme durch unterschiedliche Tagesabläufe

Einige Befragte geben zu bedenken, dass sich das Produkt nur für solche Senioren eignet, die einen sehr stark strukturierten und gleichartigen Tagesablauf haben. Bei dieser Personengruppe handelt es sich aber i.d.R. genau um die Problemgruppe, die sich durch ein erhöhtes Sturzrisiko und einen verschlechterten Gesundheitszustand kennzeichnet. Die agilen Senioren gestalten ihren Tagesablauf so unterschiedlich, dass ein Normalbereich der Aktivität kaum ermittelbar sei. Entsprechend bestehe die Gefahr von Fehlalarmen, die das Sicherheitsgefühl als essenziellen Bestandteil des Nutzenversprechens torpedieren könnte.

Während die Leiterin der AAL-Beratungsstelle sich das Produkt im Bereich des betreuten Wohnens gut vorstellen kann, verweisen andere professionelle Experten auf die Varianz der Tagesabläufe. Sie zeigen sich skeptisch, ob dadurch nicht viele Fehlalarme ausgelöst und damit unnötiger Stress erzeugt würde.

Trageverhalten von Hausschuhen

Ein Kritikpunkt, der nur seitens der professionellen Experten vorgebracht wird, bezieht sich auf die potenziell unzureichende Erhebung der Daten, weil manche Senioren fast den ganzen Tag sitzen, viel außer Haus unterwegs sind oder verschiedene Hausschuhe tragen.

Die Leiterin des betreuten Wohnens beurteilt das Produkt nur dann als brauchbar, wenn sich die Sensorik in zwei verschiedenen Schuhen befindet, sodass die Hausschuhe innerhalb der Wohnung und feste Schuhe im Freien eine Erhebung der Daten und insbesondere eine Sturzerkennung gewährleisten können.

Die Pflegeberaterin gibt kritisch zu bedenken, dass es eine ungewünschte Verpflichtung darstellen könne, wenn das Produkt nur bei angezogenen Schuhen funktioniert. Ferner weist sie darauf hin, dass die Senioren beim Waschen der Füße, beim Wechseln der Strümpfe oder beim Duschen keine Hausschuhe tragen. Um auch hier Sicherheit zu bieten, wären verschiedene Zusatzeinrichtungen notwendig.

4.3.5.5 Der Vergleich zwischen Hausnotruf und *FamilyNet*

Bei vielen Befragungen wird *FamilyNet* von den Experten als ein Alternativprodukt zu klassischen Hausnotruf-Systemen betrachtet. Die Interviewten fokussieren sich zumeist auf die Funktion der Sturzerkennung und stellen Vergleiche zu Hausnotruf-Systemen an. Diese sind der breiten Bevölkerung inzwischen durch Werbemaßnahmen sowie die Verbreitung bekannt. Selbst die professionellen Experten kennen teilweise als technisches Assistenzprodukt nur den Hausnotruf. Daher ist es wenig verwunderlich, dass das neuartige *FamilyNet* zuerst mit dem bekannten, einfach erklärbaren Hausnotruf in Verbindung gebracht wird.

Die Abwägung der Unterschiede und potenziellen Vor- und Nachteile zwischen Hausnotruf und *FamilyNet* fällt den Befragten schwer. Als Vorteile des Hausnotrufs wird bspw. genannt, dass es möglich ist, darüber direkt eine Kommunikation aufzubauen. Außerdem sei der Notrufknopf auch im Bett oder in der Dusche benutzbar, wenn der Senior keine Schuhe trage.

Die Produktspezifikation von *FamilyNet* sieht derzeit vor, dass die Inhaber des Systems selbstständig festlegen, wer im Notfall angerufen wird. Die Einbindung einer Notrufzentrale ist nicht obligatorisch und prinzipiell nicht vorgesehen, was ein Unterscheidungsmerkmal zu gängigen Hausnotruf-Systemen darstellt.

Die meisten Angehörigen befürworten dieses Vorgehen, da diese sich somit direkt kümmern können, ohne fremde Personen zu involvieren. Im Notfall würden sie dann selbstständig den Rettungsdienst alarmieren.

Beim Großteil der durch die Sozialstation betreuten Personen ist die Notrufzentrale der Adressat der Notrufe. Wenn die Angehörigen in der Nähe wohnen, geht der Alarm aber oftmals zuerst an diese. Viele Angehörige setzen sich beim Erwerb des Hausnotrufs als ersten Empfänger der Alarme ein. Spätestens nach einigen Monaten lassen sie dies aber ändern, weil die Angehörigen nicht so gut erreichbar sind wie zuvor gedacht. Stürze passieren zu ungewöhnlichen Zeiten. Dennoch muss jederzeit sichergestellt sein, dass der Notruf direkt einen Abnehmer findet. Auch der interviewte Hausarzt vermutet, dass die Angehörigen die Verantwortung, auf Notrufe zu reagieren, lieber an eine professionelle Leistelle abgeben. Entsprechend wäre es denkbar, dass sich die positiv beurteilte nicht-obligatorische Einbindung einer Notrufzentrale nach einiger Zeit als weniger praktikabel herausstellt.

Obgleich auch viele Vorteile von *FamilyNet* gegenüber dem Hausnotruf gesehen werden, bevorzugt das Gros der Befragten tendenziell das Hausnotruf-System. Dies könnte daran liegen, dass die Vorteile von *FamilyNet* ohne Erklärung nicht unmittelbar einsichtig sind und dass der Hausnotruf aufgrund der geringen Komplexität und des geringeren Funktionsumfangs besser vorstellbar ist. Selbst die professionellen Experten müssen recht direkt auf die Vorteile des *FamilyNet* wie z.B. Alarmmeldung bei Bewusstlosigkeit nach einem Sturz (Verhaltensauffälligkeit) oder die nachverfolgbare Entwicklung der Parameter hingewiesen werden. Den Nutzen dieser Funktionen schätzen sie als hoch ein, können diesen aber nicht selbstständig identifizieren. Nachdem die Befragten explizit auf diese Funktionalität hingewiesen wurden, reagierten diese größtenteils positiv, wobei die Meinungen deutlich auseinandergingen. Zwei Angehörige würden die Werte gerne mit den Senioren besprechen. Die Daten sollten dann nicht die Basis für eine stille Kontrolle, sondern für eine offene Diskussion darstellen.

Gegen die Vorstellung, eine Art Schwellenwert festzulegen, der einen Umzug ins Pflegeheim indiziert, verwehren sich die Angehörigen. Zum einen sei hierzu die Technikgläubigkeit nicht groß genug, zum anderen vertrauen die Angehörigen lieber auf die Beurteilung im persönlichen Kontakt, sofern dieser örtlich bedingt regelmäßig stattfinden kann.

Andere Angehörige betrachten die Nachverfolgbarkeit der Daten als nützlich, um zu überprüfen, inwiefern der Senior, v.a. bei einsetzender Demenz, die realen Geschehnisse wahrheitsgetreu wiedergibt. Eine Angehörige würde die Daten nutzen, um nach Erkrankungen des Seniors nachvollziehen zu können, ob dieser bereits wieder die alte Fitness erreicht hat und wie gut er sich insgesamt von der Krankheitsphase erholt.

Die professionellen Experten betonen, dass diese Funktionalität für bestimmte Personengruppen einen sehr hohen Nutzen bergen kann. Die AAL-Beraterin denkt hierbei an ambulante Pflegedienste, die ihre begrenzten Ressourcen sehr gezielt vergeben müssen. Die Leiterin des Seniorenzentrums kann sich sehr gut vorstellen, die Werte im Pflegebereich für die Zuteilung der Betreuungs- bzw. Pflegeleistung heranzuziehen und die Statistik über vergangene Zeiträume zur Sensibilisierung u.a. im Dialog mit den Angehörigen zu nutzen.

Für die Sozialstation sind die Werte nicht nützlich, da die Mitarbeiter über einen derart intensiven Kontakt zu den Betroffenen verfügen, dass sie selbstständig die gesundheitliche Situation zutreffend einschätzen können. Dies scheint aber nicht für alle Betreuungsbedürftigen zu gelten. Für Angehörige hält die Mitarbeiterin der Sozialstation die Funktionalität für sinnvoll, bezweifelt aber, dass bei diesen bereits ein Bewusstsein für die Notwendigkeit eines solchen Systems besteht, bevor sich der Zustand nicht ohnehin derart verschlechtert hat, dass die Sozialstation involviert werden muss.

4.3.5.6 Der Funktionsumfang von *FamilyNet*

Im Rahmen der Befragung wurden zusätzliche Wünsche und Anforderungen der potenziellen Kunden explizit oder implizit vorgebracht.

Beinahe alle Angehörigen wünschen sich eine Testphase, um zu überprüfen, ob das Produkt im konkreten Fall das Nutzenversprechen in vollem Umfang erfüllt. Dies scheint vor dem Hintergrund der schwierigen Erklärbarkeit des Produkts und der daraus resultierenden Unsicherheit über den tatsächlichen Nutzen eine Möglichkeit, Vertrauen zu schaffen und von der Tauglichkeit zu überzeugen.

Je eine Betroffene, eine Angehörige und eine professionelle Expertin halten die Ortbarkeit via GPS in einer Notsituation für eine wünschenswerte Funktionalität. Die AAL-Beraterin erwähnt, dass gerade noch agilere Senioren diese Funktionalität nachfragen. In den meisten Interviews wird deutlich, dass die Notruffunktion auch außerhalb des Hauses funktionieren muss. Dies betrifft Spaziergänge im Hof, den Weg zum eigenen Garten, den Aufenthalt im Treppenhaus, aber auch Tätigkeiten in größerer Entfernung zum Haus wie Waldspaziergänge, Aufenthalte auf dem weitläufigen Golfplatz oder auf dem Gelände des Seniorenzentrums. Die Angst, im Freien bewegungsunfähig zu sein und nicht gefunden zu werden, scheint größer zu sein als innerhalb der Wohnung. Einer entsprechenden Ortungsfunktion wird große Bedeutung beigemessen, weil ein Alarm ohne Kenntnis des Aufenthaltsorts wenig nützt und die Alarmierten in größte Not versetzt. Überraschenderweise bestehen hinsichtlich der Ortung kaum Bedenken bzgl. der Überwachbarkeit.

Ferner schlägt eine Expertin vor, die Lادematte zu benutzen, um festzustellen, wann der Senior das Haus verlassen hat. Wenn die Schuhe darauf abgestellt werden, sei klar, dass sich der Senior nicht mehr zu Hause aufhält und dass eine längere Bewegungslosigkeit unbedenklich ist. Damit könnte die Zielgruppe weiter auf solche Personen ausgedehnt werden, die das Haus öfters eigenständig verlassen und keinen eindeutig strukturierten Tagesablauf haben.

Eine Angehörige wünscht sich, dass *FamilyNet* die Möglichkeit bietet, wie beim Hausnotruf eine Sprechverbindung zwischen Angehörigem und Senior aufzubauen.

Eine Praktikantin im Pflegestützpunkt hat mit dem vermeintlichen Überwachungscharakter keine generellen Probleme. Ein stundenweise ablesbares Aktivitätsprofil empfindet sie aber als zu kontrollierend. Da die potenziellen Nutzer offenbar verschiedene Intensitätsniveaus der Überwachung tolerieren, könnte es von Vorteil sein, die Datenerhebung bzw. -übermittlung individuell auf ein aus Kundensicht gewünschtes Niveau zu beschränken. Um ein sowohl für Angehörige als auch für Senioren akzeptables Maß zu identifizieren, müsste eine möglichst offene Diskussion beider Parteien über die Kontrollthematik stattfinden.

Neben den im Interviewverlauf ohne Aufforderung geäußerten Verbesserungsvorschlägen wurden den Interviewten die beiden möglichen Lademechanismen für *FamilyNet* vorgestellt. Daraufhin wurden sie gebeten, abzuwägen, welche Variante ihnen besser gefällt und für welche sie sich bei einem Kauf des Produktes entscheiden würden.

Die Meinungen zu den Lademechanismen variieren stark. Einige Befragten zeigen sich indifferent in ihrer Meinung, wohingegen andere das Produkt nur mit einer der beiden Varianten überhaupt als tauglich empfinden. Teils wird die Tatsache problematisiert, dass eine Aufladung stattfinden muss, weil damit eine Verpflichtung einhergeht, Fehlalarme durch Vergessen provoziert werden könnten und ältere Menschen keine elektrischen Geräte in ihrer direkten Umgebung haben möchten.

Tendenziell halten die professionellen Experten und Angehörigen die Fußmatte für die bessere Variante, weil die Verbindung des Schuhs mit dem Stromkabel für die Senioren feinmotorisch zu schwierig ist. Außerdem könnten die Senioren die Schuhe bei Bedarf direkt anziehen, auch wenn diese geladen werden. Pflegerisches Personal ist laut der Leiterin des betreuten Wohnens stets auf der Suche nach wenig zeitaufwändigen, komfortablen Vorgängen, sodass auch hier die Fußmatte bevorzugt würde.

Bei den kognitiv beeinträchtigten Senioren müssten die Angehörigen das Laden der Schuhsohle übernehmen. In diesem Fall ist die Gestaltung des Auflade-Mechanismus egal. Die Sorgen drehen sich eher um die Benachrichtigung eines notwendigen Ladevorgangs, da mögliche Fehlalarme durch leere Akkus im *FamilyNet* unbedingt vermieden werden sollen.

An der Ladematten-Version wird kritisch betrachtet, dass diese ständig mit dem Strom verbunden ist und die Senioren dies evtl. als gefährlich und teuer betrachten. Ferner wäre es möglich, dass die Senioren die Matte wegräumen, in den Müll werfen oder die integrierte Elektronik durch Verschmutzungen und Wasserkontakt beschädigen.

Eine Pflegeberaterin vermutet, dass das manuelle Anschließen auf eine größere Akzeptanz unter den Senioren stößt, weil dieser Mechanismus von vielen anderen Geräten bekannt und inzwischen verständlich (oder zumindest akzeptiert) ist. Vor dem Hintergrund der Reaktionen der befragten Senioren scheint dies, ein gewichtiges Argument darzustellen. Die Ladematten-Version übersteigt deren Vorstellungskraft.

4.3.6 Gesamtbewertung der Ergebnisse

Die aus den Experten-Interviews gewonnenen Erkenntnisse waren insgesamt sehr umfangreich. Während sich bei einigen Themenbereichen die Einzelmeinungen kaum voneinander unterscheiden, divergieren diese bei anderen Themen sehr stark.

Gerade im Bereich der produktunspezifischen Befragung werden die in der Literatur festgehaltenen Erkenntnisse fast durchweg bestätigt. So unterscheiden sich die Informationen zu den Tagesabläufen der Senioren, deren Selbsteinschätzung und Anforderungen an Produkte oder der Rolle der Angehörigen kaum von den bekannten Informationen.

Überraschend ist hingegen die Erkenntnis, dass Hausschuhe so häufig getragen werden. Einige literaturbasierte Indizien hatten vor der Befragung Zweifel genährt, ob eine Unterbringung der Sensorik in einem Hausschuh sinnvoll ist.

Bei der produktspezifischen Befragung traten einige interessante Erkenntnisse zutage. Teilweise sind von den Befragten genannte Bedenken wie bspw. der Überwachungsgedanke bereits zuvor antizipiert worden. Andere Bedenken wie bspw. die hohe Verantwortung stellen eine neue wichtige Erkenntnis dar. Überdies gaben die Befragten Anstöße für zusätzliche Features, die in das Produkt integriert werden und dessen Nutzenwert erhöhen könnten. In diesem Zusammenhang bewährte es sich, die Produktkonzeption nicht als final anzusehen, sondern sich noch Spielräume offen zu halten. Mit Blick auf die Marktpositionierung ist v.a. die Tatsache von Interesse, dass die Befragten das *FamilyNet* häufig mit einem Hausnotruf-System vergleichen.

Insgesamt erfüllte die qualitative Marktforschung die Zielsetzung, Einblicke in die Meinungen, die Marktstruktur und deren Wahrnehmung durch die potenzielle Zielgruppe zu erhalten und damit eine wichtige Vorarbeit für die quantitative Marktforschung zu leisten. Die gewonnenen Erkenntnisse konnten verwendet werden, um die Schwerpunkte der quantitativen Befragung zu bestimmen. Darüber hinaus wurden zuvor offene Fragen insofern eingegrenzt, dass diese nun mit konkreten Antwortmöglichkeiten versehen werden konnten. Vor allem aber entstand eine Eingrenzung der potenziellen Zielgruppe, die für das Sampling relevanter Teilnehmer der quantitativen Befragung genutzt wurde.

4.4 Quantitative Primärmarktforschung

Im Gegensatz zur qualitativen Marktforschung besteht bei der quantitativen Untersuchung ein Trade-Off zwischen der Repräsentativität der Befragung einerseits und den zur Verfügung stehenden finanziellen Mitteln sowie der begrenzten Zeit für die Studiendurchführung andererseits. Zur zügigen Beschaffung von Befragungsteilnehmern, die über ganz Deutschland verteilt sind, wurde die Zusammenarbeit mit dem Panel-Anbieter Toluna[343] gewählt.

4.4.1 Sampling und Screening

Vor der Durchführung der quantitativen Untersuchung stellte sich die Frage, welche der drei Expertengruppen aus der qualitativen Marktforschung befragt werden sollte. Die professionellen Experten schieden hierfür deshalb aus, weil sie i.d.R. keine Endanwender für das Produkt darstellen.

Letztlich sprachen die folgenden beiden Argumente für die Befragung von Angehörigen:

- Angehörige spielen eine maßgebliche Rolle beim Kaufentscheidungsprozess für AAL-Produkte im Allgemeinen bzw. *FamilyNet* im Speziellen und sind somit als Adressaten von Kommunikations-, Marketing- und Vertriebsaktivitäten interessanter.
- Senioren haben ein geringes Vorstellungsvermögen vom Produkt und können sich nur schwer Meinungen auf Basis der theoretischen Vorstellung von *FamilyNet* bilden.

Durch ein geeignetes Screening sollten Angehörige identifiziert werden, die sich bereits real in einer Situation befinden, in der *FamilyNet* für sie interessant sein könnte. Da sie mit der Problematik direkt konfrontiert sind, kennen sie die Herausforderungen und Bedürfnisse am besten und können die Eignung des Produkts am zutreffendsten einschätzen.

Folgende Kriterien mussten die Teilnehmer erfüllen, um an der Befragung teilnehmen zu dürfen:

- wohnhaft in Deutschland.
- stehen in einem der folgenden Verwandtschaftsverhältnisse zu einem Senior (älter als 60 Jahre)
    - Tochter/Sohn
    - Schwiegertochter/-sohn

---

[343] URL der Online-Präsenz: http://eu.toluna-group.com/de/ (zuletzt geprüft am 28.02.2014).

  - Schwester/Bruder
  - Nichte/Neffe
  - Enkelin/Enkel

oder

kümmern sich als Freund, Nachbar oder Bekannter um einen Senior (älter als 60 Jahre).

- Es besteht reger Kontakt zu diesem Senior (nicht nur sporadisch, bspw. an Feiertagen).
- Senior hat nicht die Pflegestufe 3.
- Der Angehörige stimmte mindestens einer der folgenden Aussagen zu:
  - „Manchmal benötigt die Seniorin/der Senior Hilfe. Dann kümmere ich mich darum."
  - „Manchmal denke ich darüber nach, ob bei der Seniorin/dem Senior gerade alles in Ordnung ist."
  - „Ich bin manchmal in Sorge, dass die Seniorin/der Senior alleine nicht mehr gut zurechtkommt."

Durch die Realisierung in Form einer Online-Befragung war eine weitere implizite Bedingung, dass die Teilnehmer einen internetfähigen PC benutzen, also über eine gewisse Technikaffinität verfügen. Der dadurch entstehende Bias wurde bereits in Kapitel 4.1.3 thematisiert.

4.4.2 Erstellung des Fragebogens

Bereits bei der Erstellung des Leitfaden-Fragebogens für die qualitative Forschungsarbeit wurde darauf hingewiesen, dass dieser Vorgang in hohem Maße erfolgskritisch ist. Bei der quantitativen Marktforschung kommt dem Fragebogen eine noch bedeutsamere Rolle zu, da die gewählten Formulierungen exakt in der vorformulierten Form den Befragten vorgelegt werden, ohne dass Interpretationsspielraum für einen persönlichen Interviewer besteht.

Fragenstellen erscheint zwar auf den ersten Blick alltäglich und trivial, erweist sich aber im Zusammenhang mit der Gestaltung von wissenschaftlichen Fragebögen als sehr herausfordernd[344] und wird gerade im Zusammenhang mit demoskopischen Studien häufig unterschätzt.[345] Da letztlich kein „klar umrissener, allgemein anerkannter Wissenskanon [für die Fragebogen-Erstellung] existiert"[346], spielen sowohl Erfahrungswerte als auch Kenntnisse in den Bereichen der Psychologie und Soziologie sowie einige Soft-Skills wie ein hohes Maß an Kreativität, ein gutes Sprachgefühl[347] oder die Fähigkeit zum Perspektivwechsel eine große Rolle.

---

344 Vgl. Kirchhoff 2008: S. 19.
345 Vgl. Noelle-Neumann et al. 2000: S. 93.
346 Kirchhoff 2008: S. 24.
347 Vgl. Berekoven et al. 2009: S. 92.

Einige grundsätzliche Handlungsempfehlungen zur Frageformulierung können aus der qualitativen Untersuchung übernommen werden. Allerdings ergeben sich durch den unterschiedlichen Untersuchungscharakter teils neue Anforderungen.

Die offene Frage, welche im Experten-Interview entsprechend des explorativen Untersuchungscharakters eine willkommene Möglichkeit bot, den Interviewten zu längeren Ausführungen zu animieren, sollte in der quantitativen Befragung nur sehr reduziert eingesetzt werden, da sie für statistische Verarbeitungen nicht geeignet ist.[348] Die Antworten müssten hier zuerst aufwändig kodiert werden. Bei diesem Vorgang besteht ein gewisser Interpretationsbedarf, wodurch eine mögliche Quelle für Ergebnisverfälschungen entsteht.[349] Letztlich befanden sich im Fragebogen nur wenige Freitext-Felder, die es den Befragten ermöglichten, fehlende Antwortalternativen hinzuzufügen oder Meinungen zu begründen. Da es sich bei den meisten Antworten um objektive Sachinformationen handelte, war die Gefahr der Ergebnisverfälschung durch fehlerhafte Interpretation gering. Daneben befanden sich im Fragebogen weitere gängige Fragentypen wie Ranking-Fragen, Likert-Skalen,[350] Mehrfachauswahl-Fragen sowie geschlossene Ja-Nein-Fragen und geschlossene Fragen mit verschiedenen Antwortmöglichkeiten.

Gestaltungsmerkmale wie Fragereihenfolge, Frageformulierung, Wahl der Skalen oder sonstige Verzerrungen haben erhebliche Auswirkungen auf das Antwortverhalten.[351] Neben den allgemeinen Hinweisen zur Fragebogengestaltung finden sich bspw. in Berekoven et al.: S. 93ff. (2009) oder Kuß: S. 78ff./113ff. (2012) oder Raab-Steiner et al.: S. 52ff. (2012) zusammenfassende Darstellungen von möglichen Verzerrungen und Best Practices, die möglichst umfangreich beachtet wurden.

Bei der Erstellung des Fragebogens wurde auf eine einfach verständliche, präzise und nichtsuggestive Formulierung geachtet, die absolute Bezeichnungen wie *immer* oder *alles* vermied. Die Fragen zum Screening boten einen unkomplizierten Einstieg in die Befragung und dienten somit als sog. Eisbrecher-Fragen. Bei Sachfragen, die nicht Meinungen sondern konkretes Wissen abfragten, gab es die Alternative *keine Antwort*, um so einer unwissentlichen Beantwortung vorzubeugen. Die Gefahr von Pseudo-Meinungen wurde dadurch reduziert, dass bei Meinungsfragen eine neutrale Antwortalternative zur Verfügung stand. Die Skalen waren in der Regel

---

[348] Vgl. Noelle-Neumann et al. 2000: S. 130.
[349] Vgl. Noelle-Neumann et al. 2000: S. 176.
[350] Likert-Skalen messen die Zustimmung oder Ablehnung zu bestimmten positiven oder negativen Aussagen.
[351] Vgl. Berekoven et al. 2009: S. 93.

fünfgliedrig mit gleichgewichteten Antwortalternativen. Bei Likert-Skalen wurde die Menge der Teilantworten (Zeilen) möglichst gering gehalten, um eine Überforderung durch „endlose Antwortbatterien“[352] zu vermeiden. Fragen zu persönlichen Merkmalen, die nicht dem Screening dienten, befanden sich am Ende der Befragung. Die Fragebögen waren zu logischen Einheiten zusammengefasst.

Kuß (2012) weist in seinen Empfehlungen darauf hin, dass bei der Beurteilung von Kaufabsichten möglichst genau über das Produkt informiert werden soll.[353] Entsprechend wurde ein hoher Aufwand in die Produktvorstellung für *FamilyNet* investiert. Diese musste verständlich formuliert und kurz genug sein, sodass die Befragten den Text aufmerksam durchlesen. Um die Befragten nicht zu überfordern, wurde die Vorstellung auf mehrere Seiten verteilt.

Die Verwendung des Online-Fragebogens bot ferner die Möglichkeit, nach Filterfragen zur erleichterten Bearbeitung nur noch die relevanten Fragen anzuzeigen. Ebenfalls vorteilhaft war die technische Möglichkeit zur Randomisierung der Antwortalternativen (sofern diese keiner inhärent logischen Ordnung unterlagen), um dem Primacy- und Recency-Effekt[354] vorzubeugen.

Zu Beginn der Fragebogen-Konzeption wurden im Projektteam interessante Fragestellungen identifiziert, die sich zum einen aus der qualitativen Marktforschung ergaben und zum anderen als relevant für die geplante Markteinführung des Produkts erschienen. Diese ersten Fragestellungen können als Programmfragen aufgefasst werden, welche das Informationsinteresse abbilden. In der Folge wurden diese in Testfragen an die Interviewteilnehmer übersetzt.[355]

Um das Informationsinteresse aller im Projekt mitwirkender Teammitglieder zu berücksichtigen, wurden alle Projektmitglieder über den aktuellen Stand der Fragebogen-Gestaltung informiert und zum Feedback angehalten, was gleichzeitig als qualitätssichernde Maßnahme diente.

Bei der Erstellung des Fragebogens war ein ständiges Abwägen zwischen dem Informationsinteresse einerseits und der begrenzten, zeitlichen Belastbarkeit der Befragten andererseits nötig. Fragen mussten so kurz und prägnant formuliert werden, dass sie auch gelesen werden und die

---

352 Berekoven et al. 2009: S. 93.

353 Vgl. Kuß 2012: S. 81.

354 Hiermit wird die Neigung des Befragten bezeichnet, die erste bzw. letzte angebotene Antwortmöglichkeit zu wählen.

355 Vgl. Noelle-Neumann et al. 2000: S. 93 ff.

Bearbeitungszeit möglichst gering bleibt, aber eine allgemeine Verständlichkeit dennoch garantiert ist. Um die Gesamt-Bearbeitungszeit in vertretbarem Rahmen zu halten (unter 30 Minuten), mussten die Fragen ferner sorgsam hinsichtlich ihres inhaltlichen Beitrags zur Beantwortung der Programmfragen überdacht werden. Letztlich waren einige Kompromisslösungen zwischen den diametralen gegenüberstehenden Interessen zu finden.

4.4.3 Durchführung der Online-Befragung

Der Fragebogen wurde mithilfe der Open Source-Software LimeSurvey[356] umgesetzt und online bereitgestellt. Das Marktforschungs-Unternehmen Toluna verteilte den Link zur Befragung unter den Panel-Mitgliedern.

Ein Antwortsatz galt genau dann als valide, wenn folgende Bedingungen zutrafen:

- Fragebogen wurde von einer Person ausgefüllt, welche die Screening-Kriterien erfüllt.
- Die Bearbeitung des Fragebogens wurde nicht abgebrochen, d.h. dieser wurde bis zur letzten Seite ausgefüllt und abgesendet.
- Bearbeitungsdauer für den gesamten Fragebogen lag bei mind. 14 Minuten.
- Bearbeitungsdauer pro Frageseite lag bei mind. 5 Sekunden.

Durch die zeitbezogenen Kriterien sollte die Zahl der Beantworter, welche die Erklärungs- und Fragetexte unaufmerksam lasen oder willkürliche Antworten gaben, reduziert werden.

In der Literatur wird auf die Bedeutung sog. Pretests zur Überprüfung des Fragebogens vor dem Launch in die Feldforschung hingewiesen.[357] Durch den begrenzten finanziellen Rahmen war ein Pretest in größerem Umfang zwar nicht möglich. Allerdings wurde der Fragebogen bis zu einer Menge von 50 validen Antwortsätzen getestet und dann für die Bearbeitung gesperrt, um ihn zu überprüfen und geringfügig anzupassen.

Letztlich konnten 256 valide Datensätze erfasst werden (Stichprobe im Regelfall n=256, sonst jeweils angegeben). Die Daten wurden im Januar 2014 erhoben.

---

[356] URL der Online-Präsenz: http://www.limesurvey.org/de/ (zuletzt geprüft am 18.03.2014).
[357] Vgl. Kirchhoff 2008: S. 24.

4.4.4 Auswertung der erfassten Daten

Die erfassten Daten wurden mit der Software IBM SPSS Statistics (Version 21) aufbereitet und nach statistischen Grundsätzen ausgewertet. Die visuelle Aufbereitung der ermittelten Kennzahlen erfolgte in Microsoft Excel.

Die Studienergebnisse waren in der Regel ordinal oder nominal skaliert. Zur Beurteilung der ordinalen Kennzahlen diente der Median. Zur Berechnung weiterer univariater, statistischer Kennzahlen wurden ordinale Skalen, deren Ausprägungen als äquidistant angenommen werden konnten, wie metrische Skalen behandelt. Die Antwortmöglichkeiten wurden – in den Auswertungsdiagrammen von links beginnend – als ganze Zahlen von eins bis fünf kodiert. Damit war es möglich, Mittelwerte und Standardabweichungen zu berechnen und zu interpretieren. Die Standardabweichungen lagen bei sämtlichen Ausprägungen unter 1,5 Einheiten auf der jeweiligen Skala. Sie werden in den nachfolgenden Diagrammen nicht explizit ausgewiesen. Auffällige Werte sind aber im Text thematisiert.

Als bivariate Kennzahlen wurde der Chi-Quadrat-Test sowie der Rangkorrelationskoeffizient Spearmans Rho verwendet. Wenn Korrelationen textuell ausgewiesen werden, dann sind diese immer auf dem Niveau von 1 % signifikant. Schwache Korrelationen (Spearmans Rho unter 0,3) wurden nicht berücksichtigt. Zur Verbalisierung und Interpretation der Koeffizienten wurde die Orientierungshilfe in Duller (2013)[358] verwendet. Bei Anwendung des Chi-Quadrat-Tests wurde gemäß Literaturempfehlung[359] darauf geachtet, dass maximal 20 % der Zellen eine erwartete Häufigkeit unter fünf aufweisen.

Die Clusterzentrenanalyse brachte leider keine verwertbaren Ergebnisse zutage. Zum einen kann dies auf den hierfür zu geringen Stichprobenumfang zurückgeführt werden. Zum anderen ist diese Tatsache als Hinweis darauf interpretierbar, dass sich die Zielgruppe für das Produkt nicht an Personenmerkmalen festmachen lässt. Auffällig in diesem Zusammenhang war ebenfalls, dass persönlichkeitsbezogene Merkmale keine signifikanten, starken Korrelationen zu Meinungs-/Bewertungsfragen aufwiesen.

[358] Vgl. Duller 2013: S. 125.
[359] Vgl. Brosius 2013: S. 425.

4.4.5 Untersuchungsergebnisse

Aufgrund von Vertraulichkeitsvereinbarungen, die mit beteiligten Unternehmen im Vorfeld der Erstellung dieser Master-Thesis getroffen wurden, sind in dieser Publikation einige Ergebnisse der quantitativen Untersuchung nicht explizit dargestellt. Im Vergleich zur originalen Master-Thesis wurden aus dem nachfolgenden Kapitel im Wesentlichen Informationen zu den folgenden Themengebieten entfernt:

- Bewertung der Wichtigkeit einzelner Funktionen von *FamilyNet*
- Zahlungsbereitschaft und bevorzugtes Zahlungsmodell für *FamilyNet*
- Nennung geeigneter Informations- und Vertriebsorte für *FamilyNet*

Falls diese Informationen von Interesse sind, nehmen Sie diesbezüglich bitte direkt mit dem Unternehmen Xybermind (www.xybermind.net) Kontakt auf.

4.4.5.1 Merkmale der Zielgruppe

Geschlechterverteilung

		Geschlecht der Angehörigen		**Geschlecht der Senioren**	
		Häufigkeit	Prozent	Häufigkeit	Prozent
Gültig	Männlich	119	46%	80	31%
	Weiblich	137	54%	176	69%
	Gesamt	256	100%	256	100%

Tabelle 8: Geschlechterverteilung der Angehörigen und der Senioren in der Studie

Die Überrepräsentanz weiblicher Personen reflektiert das Verhältnis von Frauen und Männern in der deutschen Gesellschaft, die höhere Lebenserwartung der Frauen und die vom Panel-Anbieter erwartete, höhere Antwortbereitschaft der Frauen. In der Gruppe der Senioren sind weibliche Personen allerdings deutlich stärker überrepräsentiert als in der Gesamtbevölkerung, innerhalb derer ihr Anteil bei etwa 56 % liegt.[360]

Altersstruktur und Verwandtschaftsverhältnis

Erwartungsgemäß bilden die Kinder der Senioren mit 40 % den größten Anteil der Unterstützer. Insgesamt entstammen 52 % der Angehörigen der Generation, die dem Senior direkt nachfolgt. 15 % der unterstützenden Personen sind Enkel des Seniors; bei weiteren 15 % handelt es sich

[360] Eigene Berechnung auf Basis der Bevölkerungsdaten nach Altersgruppen und Geschlecht, vgl. hierzu Bundeszentrale für politische Bildung [Online im Internet].

um Geschwister. Mit 18 % ist der Anteil derer, die sich zwar um einen Senior kümmern, aber in keinem verwandtschaftlichen Verhältnis stehen, ebenfalls relevant hoch.[361]

Angehörige	gleiche Generation	Schwester/Bruder	15%
	nächste Generation	Tochter/Sohn	40%
		Nichte/Neffe	4%
		Schwiegertochter/-sohn	8%
	übernächste Generation	Enkelin/Enkel	15%
Freunde, Nachbarn und Bekannte			18%

Tabelle 9: Verwandtschaftsverhältnis zwischen Unterstützer und Senioren

Die Altersstruktur der Unterstützer zeigt, dass etwa drei Viertel der Befragten der Altersklasse 30 bis 59 Jahre angehören. Während sich in der Altersklasse unter 30 Jahre fast nur Enkel befinden, halten sich diese mit den Kindern in der Altersgruppe 30 bis 39 Jahre in etwa die Waage. Bei den Unterstützern über 60 Jahre tauchen vermehrt Geschwister und Personen auf, die in keinem Verwandtschaftsverhältnis stehen.

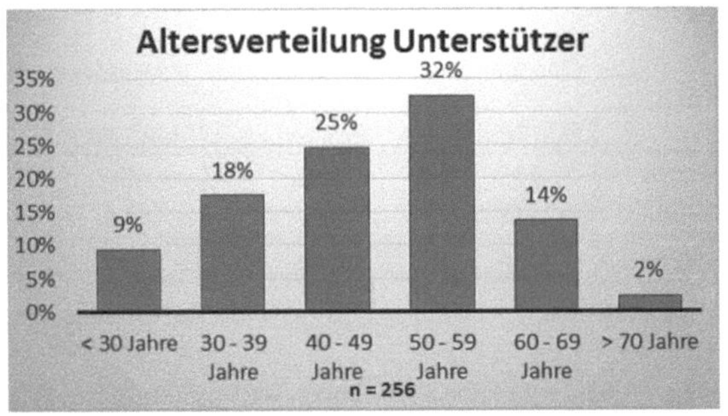

Abbildung 6: Altersverteilung der Studienteilnehmer

Eine Repräsentativ-Erhebung von TNS Infratest aus dem Jahr 2002 weist eine stärker in die höheren Altersklassen verschobene Verteilung auf. Der Anteil der Angehörigen unter 45 Jahren beträgt in dieser Erhebung nur 21 %, wohingegen der Anteil der über 65-Jährigen bei über 30 % liegt.[362] Diese Diskrepanz kann durch den Bias der Online-Befragung begründet werden.

Die Altersstruktur der Senioren in Abbildung 7 zeigt ein relativ normalverteiltes Bild. Erwartungsgemäß bestehen Korrelationen zwischen dem Alter und der vergebenen Pflegestufe (0,37), den bisherigen Stürzen (0,33) und der außer Haus verbrachten Zeit (-0,37).

---

361 Siehe hierzu die in der Literatur dokumentierte Tendenz in Kapitel 3.4.3.
362 Engels et al. März 2005: S. 77.

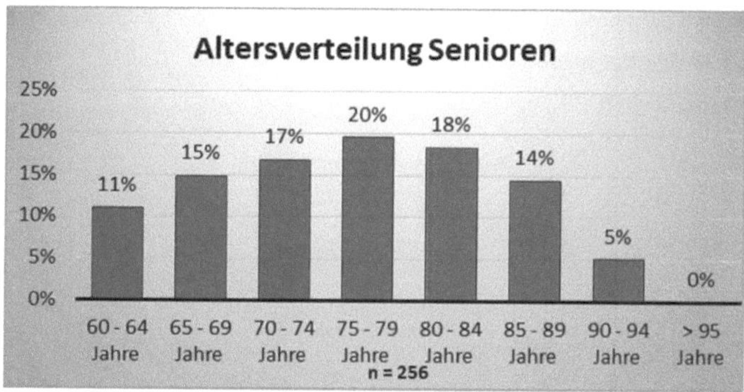

Abbildung 7: Altersverteilung der Senioren

Durch den Abgleich der Daten mit der allgemeinen Bevölkerungsstruktur in Deutschland[363] lässt sich erkennen, dass die älteren Personen ab 80 Jahren vergleichsweise überrepräsentiert sind, was auf einen höheren Unterstützungsbedarf in dieser Altersgruppe hindeutet. Etwa zwei von drei Senioren leben allein.

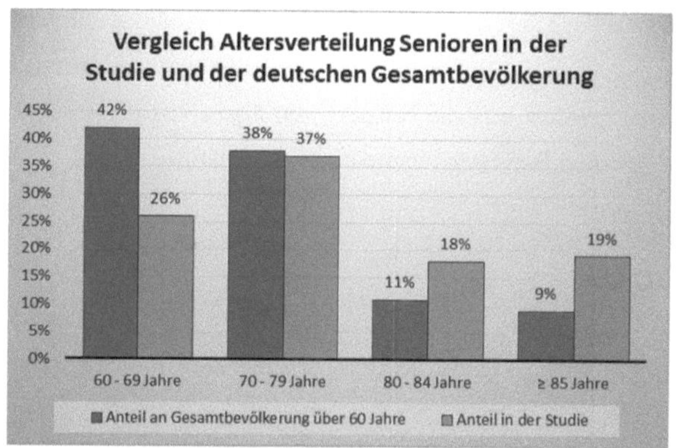

Abbildung 8: Vergleich Altersverteilung Studie mit deutscher Gesamtbevölkerung

Situation der Angehörigen

Erwartungsgemäß übt der Großteil der Angehörigen (70 %) eine Erwerbstätigkeit aus (n=235). 16 % der Befragten sind bereits Rentner; weitere 14 % gingen aufgrund verschiedener Umstände (arbeitssuchend, erwerbsunfähig, Hausfrau/-mann, Studierende) keiner Beschäftigung nach.

---

363 Vgl. Bundeszentrale für politische Bildung [Online im Internet].

52 % der Befragten wohnen in Städten, hiervon 25 % in größeren Städten mit einer Einwohnerzahl über 250 000 Personen. 16 % leben in einem Vorort einer Stadt und weitere 32 % im ländlichen Raum.

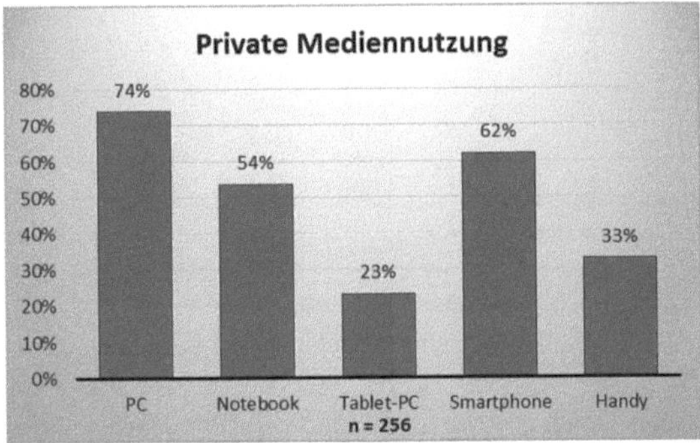

Abbildung 9: Prozentuale Nutzung moderner Medien (Mehrfachnennung möglich)

Ebenfalls der Erwartung entsprechen die recht hohen Nutzungsraten der modernen Kommunikationsmedien. Die Nutzung von PC und Notebook sowie von Smartphone und Handy korrelieren jeweils signifikant negativ (-0,41 bzw. -0,55), da diese Produkte normalerweise alternativ verwendet werden. Nur 13 % der Befragten nutzen weder Smartphone noch Handy und können nicht mobil alarmiert werden, was die Nutzung von *FamilyNet* potenziell weniger attraktiv macht. Diese Gruppe der Befragten beurteilt die Produktidee allerdings nicht signifikant schlechter als die gesamte Stichprobe.

Situation der Senioren

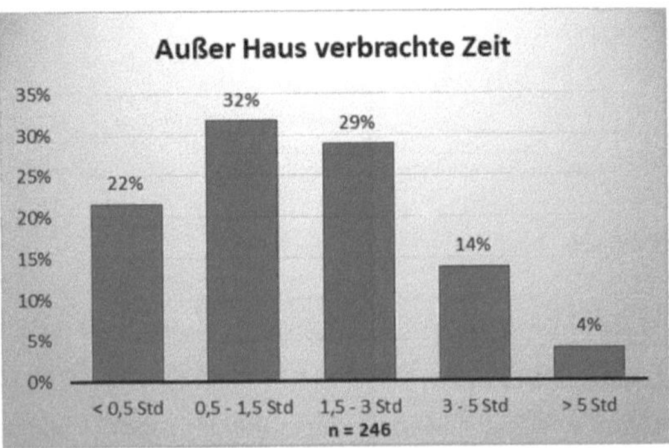

Abbildung 10: Verteilung über die von den Senioren außer Haus verbrachte Zeit pro Tag

Die Untersuchungsergebnisse zeigen, dass etwa 54 % der Senioren durchschnittlich weniger als anderthalb Stunden und nur 18 % länger als drei Stunden pro Tag außer Haus verbringen. Letztlich halten sich die meisten Senioren ausreichend lange im Haus auf, sodass die Verwendung von *FamilyNet* in Form eines Hausschuhs sinnvoll ist.

Etwa 79 % der Senioren wurde noch keine Pflegestufe zugewiesen. Unterstützungsbedarf besteht also offenbar, noch bevor die formellen Pflegestufen zugeteilt werden. Die übrigen Senioren befinden sich überwiegend in Pflegestufe 1 (12 %) und Pflegestufe 2 (7 %). Senioren in Pflegestufe 3 waren ein Ausschlusskriterium für die Zulassung zur Befragung.

Stürze

58 % der Angehörigen geben an, dass der zugehörige Senior in der Vergangenheit bereits gestürzt ist. 37 % sind hingegen der Meinung, dass es noch keine Stürze gegeben hat. Die restlichen 5 % der Befragten wissen darüber nicht Bescheid. Die Stürze finden jeweils zu gleichen Teilen in der eigenen Wohnung und im Freien statt.

Die Schwere des Sturzes kann anhand der entstandenen gesundheitlichen Folgen und der Art und Weise, wann bzw. wie Hilfe verständigt werden konnte, eingeschätzt werden. 43 % (n=134) der Senioren gelang es, nach dem Sturz wieder selbstständig aufstehen. Weitere 21 % waren zum Zeitpunkt des Sturzes nicht alleine, sodass ihnen sofort beim Aufstehen geholfen wurde. Zwar konnten 36 % der Senioren nicht mehr selbstständig aufstehen, den meisten (28 %) gelang es aber zumindest, sich selbstständig bemerkbar zu machen. Der Anteil derer, die länger am Boden lagen und nur passiv auf Hilfe warten konnten, ist mit 8 % gering.

Obwohl die meisten Senioren nicht lange unentdeckt blieben, trugen doch etwa 83 % (n=133) gesundheitliche Folgen davon. Bei 65 % der Stürze waren die Verletzungen so geringfügig, dass kein Aufenthalt im Krankenhaus notwendig wurde. Bei fast jedem Fünften war dies allerdings notwendig. Nur bei 17 % verblieb der Sturz ohne jegliche gesundheitliche Folgen.

Trageverhalten von Hausschuhen

72 % der befragten Angehörigen geben an, dass der Senior in seiner Wohnung in aller Regel Hausschuhe trägt. Über 91 % der Senioren (n=179) benutzen nach Aussage ihrer Angehörigen stets den gleichen Hausschuh. Diejenigen, die mehr als ein Paar Hausschuhe verwenden, verfügen über zwei (sieben Nennungen), drei (acht Nennungen) oder vier (eine Nennung) verschiedene Paar Hausschuhe. Über 82 % (n=152) der Senioren tragen den Hausschuh auch beim

nächtlichen Toilettengang. Ferner geben etwa 75 % der Befragten (n=173) an, dass die Hausschuhe bei Verlassen des Hauses immer am gleichen Platz stehen. Bei 21 % (n=173) der Senioren ist dies zumindest meistens der Fall.

Etwa 80 % der Senioren (n=173) benutzen typische Hausschuhe mit fester Sohle. Drei Viertel davon sind hinten geöffnet. Die restlichen 20 % entfallen auf Straßenschuhe und Pantoffeln. Aus statistischer Sicht ist bei diesen Befunden anzumerken, dass sie auf einer kleineren Stichprobe deutlich unter n=200 basieren. Dies ist zum einen dadurch begründet, dass diese Fragen nur denjenigen Angehörigen gestellt werden konnten, die zuvor angaben, dass der Senior überhaupt Hausschuhe trägt. Zum anderen wussten einige Angehörige auf diese speziellen Fragen keine Antwort.

Von besonderem Interesse sind ferner die Räume, in denen die Hausschuhe i.d.R. nicht getragen werden, da hierfür eventuell andere Sicherheitsmechanismen wie z.B. die Anbringung statischer Sensoren als weiterer Bestandteil von *FamilyNet* zu diskutieren sind. Die weitaus meisten Nennungen entfallen hier auf das Badezimmer (26 Nennungen) und das Schlafzimmer (15 Nennungen). Die Verfügbarkeit eines mobilen Alarmknopfs bzw. eines fest installierten Alarmknopfs im Badezimmer wird überdies bei den gewünschten Zusatzfunktionen genannt. Des Weiteren tragen die Senioren auf der Terrasse bzw. dem Balkon (sechs Nennungen) sowie im Flur/Eingangsbereich, im Wohnzimmer, im Keller und in der Küche (alle jeweils drei Nennungen) keine Hausschuhe.

Kontakt zwischen Unterstützer und Senior

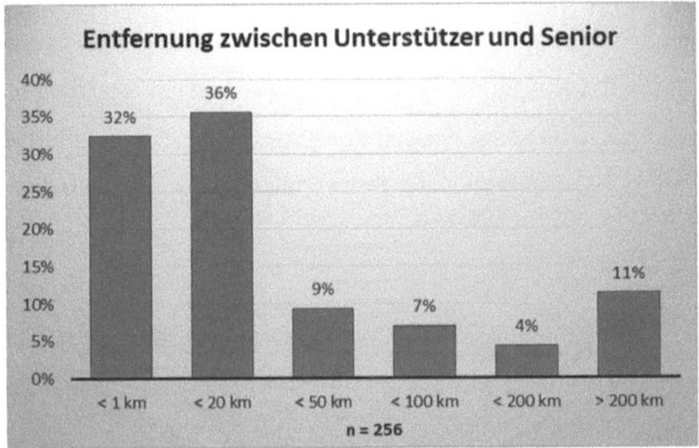

Abbildung 11: Verteilung über die örtliche Entfernung zwischen Unterstützer und Senior

Etwa 68 % der Angehörigen wohnen weniger als 20 km vom Senior entfernt, sodass sie dem Senior problemlos persönlich einen Besuch abstatten können. 22 % der Angehörigen leben weiter als 50 km vom Senior entfernt, was sie als Helfer in akuten Notsituationen nur bedingt in Betracht kommen lässt. Es ist davon auszugehen, dass sie sich durch die örtliche Entfernung nur ein begrenzt gutes Bild vom aktuellen Gesundheitszustand des Seniors verschaffen können.

Dennoch sorgen sich auch die weiter entfernt wohnenden Unterstützer um das Wohlbefinden des Seniors und möchten ihn in seinem alltäglichen Leben möglichst gut unterstützen. Die weiter entfernt wohnenden Angehörigen geben zwar weniger oft an, sich um den Senior aktiv zu kümmern, wenn dieser Hilfe benötigt. Sie denken aber genauso oft wie die in der Nähe wohnenden Unterstützer darüber nach, ob bei dem Senior alles in Ordnung ist, und sind manchmal in Sorge, dass der Senior alleine nicht mehr zurechtkommt.

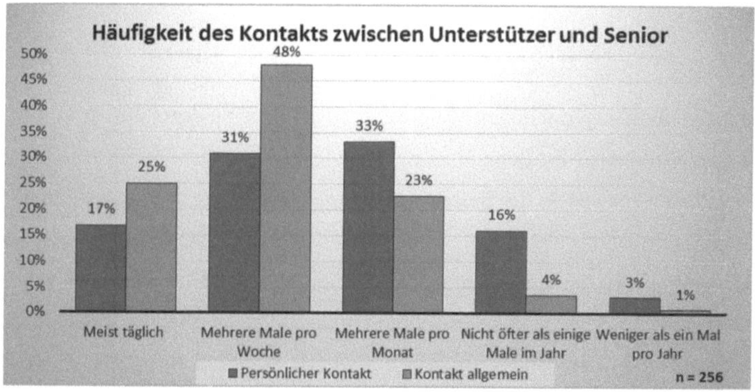

Abbildung 12: Verteilung der Häufigkeit des Kontakts zwischen Unterstützer und Senior

Bei der Beurteilung der Kontakthäufigkeit wird zwischen allgemeinem Kontakt über alle verfügbaren Medien und dem persönlichen Zusammentreffen unterschieden. Da jegliche Art von Kontakt auch persönlichen Kontakt impliziert, findet letztgenannter naturgemäß seltener statt. Grundsätzlich pflegen 73 % der Befragten mehrmals pro Woche Kontakt zum Senior. 96 % der Befragten treten zumindest mehrere Male im Monat in Kontakt. Für das persönliche Zusammentreffen liegt dieser Wert bei 81 %.

Die weiter entfernten Verwandten stehen etwas seltener in Kontakt (Korrelation -0,42) als die weniger weit entfernten. Dies erklärt sich durch die deutlich seltener stattfindenden persönlichen Treffen (Korrelation -0,71).

4.4.5.2 Grundsätzliche Produktbewertung

Direkt nach der Produktvorstellung von *FamilyNet* wurden die Teilnehmer gebeten, die Produktidee grundsätzlich zu bewerten. Das Ergebnis stellt einen der zentralsten Befunde der Untersuchung dar.

Abbildung 13: Verteilung Bewertung der Produktidee

Die Produktbewertung liegt mit einem Mittelwert von etwa 1,8 Skaleneinheiten und einem Median von 2 Skaleneinheiten im Bereich zwischen *sehr gut* und *gut*. Wie in Abbildung 13 ersichtlich, empfinden etwa 81 % der Befragten *FamilyNet* als mindestens *gut*, während nur 2 % der Befragten das Produkt schlechter als *mittelmäßig* bewerten. Letztgenannte Personengruppe zeigt sich in den Freitext-Anmerkungen teils echauffiert über den Überwachungsgedanken, der als „menschenverachtend" oder als vergleichbar mit der elektronischen Fußfessel für Straftäter empfunden wird.

Eine wesentlich größere Personengruppe von 19 Befragten äußert sich in den Freitext-Anmerkungen am Ende der Studie sehr positiv über die Produktidee. Manche Personen geben an, sich informieren zu wollen oder gerne als Probanden für eine Testversion des Produktes zur Verfügung zu stehen.

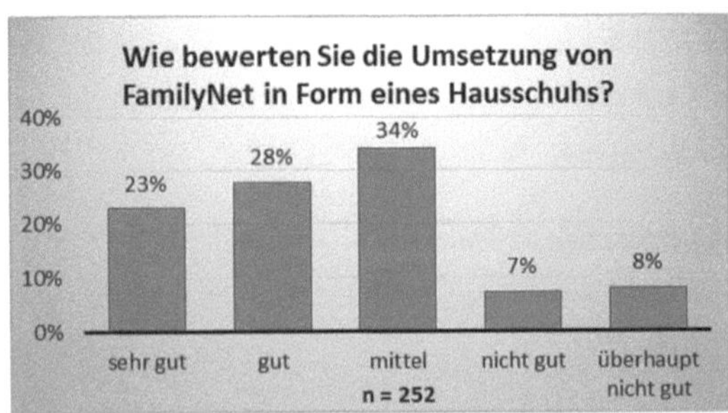

Abbildung 14: Verteilung Bewertung der Umsetzung in Form eines Hausschuhs

Die Befragungsteilnehmer bewerten die Idee, die Sensorik für *FamilyNet* in einem Hausschuh unterzubringen, positiv. Nur 15 % der Befragten beurteilen diese Vorgehensweise als *nicht gut* oder *überhaupt nicht gut*, wohingegen über 50 % die Umsetzung als Hausschuh *gut* oder *sehr gut* finden. Der Mittelwert liegt mit 2,5 Skaleneinheiten im Bereich zwischen *gut* und *mittelmäßig* und fällt etwas schlechter aus als die Gesamtbewertung des Produkts.

Es zeigt sich ein Zusammenhang zwischen dem Trageverhalten der Hausschuhe und der Bewertung der Idee, *FamilyNet* als Hausschuh zu realisieren. Statistisch signifikant ist dieser Zusammenhang (Chi-Quadrat-Test Signifikanz < 0,001) bei der Frage, ob der Senior grundsätzlich Hausschuhe trägt. Aber auch die positive Beantwortung der Fragen nach dem gleichen Hausschuh, der nächtlichen Benutzung oder dem Abstellen am gleichen Ort bei Verlassen des Hauses wirken sich tendenziell positiv auf die Beurteilung der Hausschuh-Lösung aus.

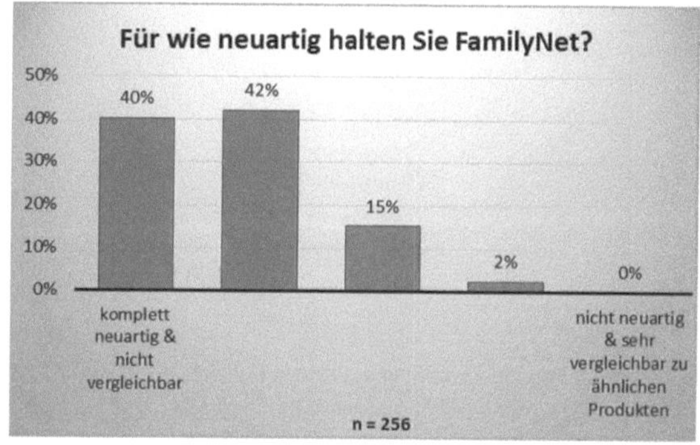

Abbildung 15: Verteilung Bewertung der Neuartigkeit von *FamilyNet*

Die Frage nach der Neuartigkeit des Produktes stellt einen Indikator dafür dar, wie sehr potenzielle Kunden *FamilyNet* mit einem Hausnotruf-System vergleichen. Etwa 82 % der Befragten empfinden *FamilyNet* als *komplett neuartig*, was vermuten lässt, dass nur geringfügige Parallelen zu Hausnotruf-Systemen gezogen werden. Der Mittelwert liegt bei 1,8 Skaleneinheiten und der Median bei 2 Skaleneinheiten.

Die Bewertung der Hausschuh-Idee und der Neuartigkeit des Produkts wirken sich statistisch auf die Gesamtbewertung von *FamilyNet* aus, allerdings nur in recht geringem Maße (Korrelation 0,30 bzw. 0,34).

Kritische Statements zu *FamilyNet*

Zum Abschluss der Produktbewertung waren die Befragten aufgefordert, zu einigen kritischen Äußerungen gegenüber dem Produkt Stellung zu beziehen und zu bewerten, inwiefern die Aussagen ihrer Meinung entsprechen.

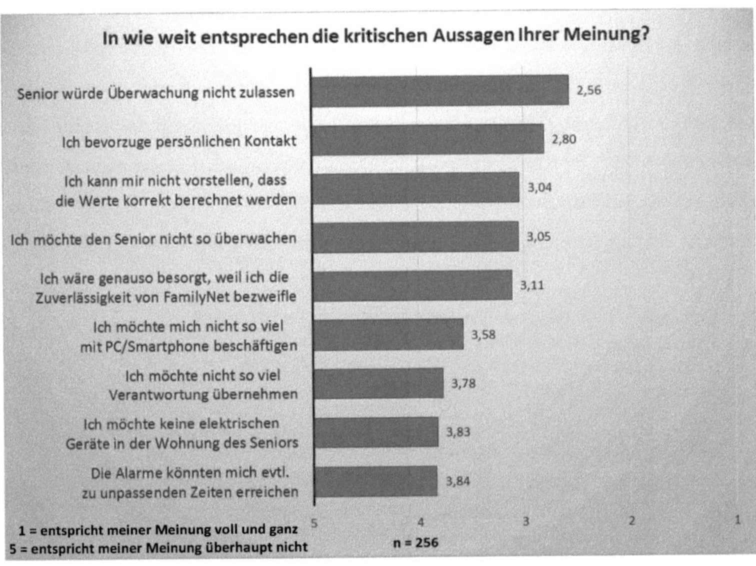

Abbildung 16: Vergleich von Zustimmungswerten zu kritischen Aussagen über *FamilyNet*

Grundsätzlich ist die Zustimmung zu den kritischen Statements im Mittel relativ gering. Am meisten entspricht die Aussage, dass der *Senior eine solche Überwachung wohl nicht zulassen würde*, der Meinung der Befragten.

Die Angehörigen selbst scheinen unsicher, wie sie die Überwachung moralisch beurteilen. Die Aussage *Ich möchte den Senior nicht derartig überwachen* wird von den Angehörigen im Mittel neutral bewertet. Ähnlich verhält es sich mit den Aussagen, die mangelndes Vertrauen in die Funktionsfähigkeit des Produktes andeuten. Die Bewertungen dieser Aussagen (*Werden die Werte korrekt berechnet?* und *Ich wäre genauso besorgt, weil das System nicht zuverlässig ist*) korrelieren mittelstark (0,66).

Den größten Einfluss auf die grundsätzliche Produktbewertung haben die Aussagen *Ich möchte den Senior nicht überwachen* und *Ich bevorzuge den persönlichen Kontakt*. Eine höhere Zustimmung zu diesen Aussagen verschlechtert tendenziell die Produktbewertung (-0,41 bzw. -0,42).

Diejenigen Aussagen, welche die in den Experteninterviews angedeutete Problematik der Verantwortungsübernahme oder die generelle Abneigung gegenüber Techniknutzung betreffen, entsprechen im Mittel nicht der Meinung der Befragten.

Varianten des Lademechanismus

In der qualitativen Befragung hatte sich kein klares Meinungsbild ergeben, welcher Mechanismus zum Aufladen der Akkus in der Schuhsohle favorisiert wird. Feinmotorische Bedenken sprachen gegen die konventionelle Variante mit Ladekabel, wohingegen die schwere Vorstellbarkeit und die Neuartigkeit zentrale Bedenken gegen die Lademattе darstellten. Um einen Auflade-Mechanismus anzubieten, der keine hohen feinmotorischen Anforderungen stellt und dennoch vertraut ist, wurde eine dritte Variante erdacht, bei welcher der Schuh wie eine elektrische Zahnbürste in eine Haltevorrichtung gesteckt werden muss. Aus technischer Sicht bietet dies kaum Vorteile, schien aber aufgrund des bekannteren Mechanismus bessere Aussichten auf eine höhere Akzeptanz zu haben. Die drei Ladevarianten wurden den Befragten kurz textuell und visuell vorgestellt.

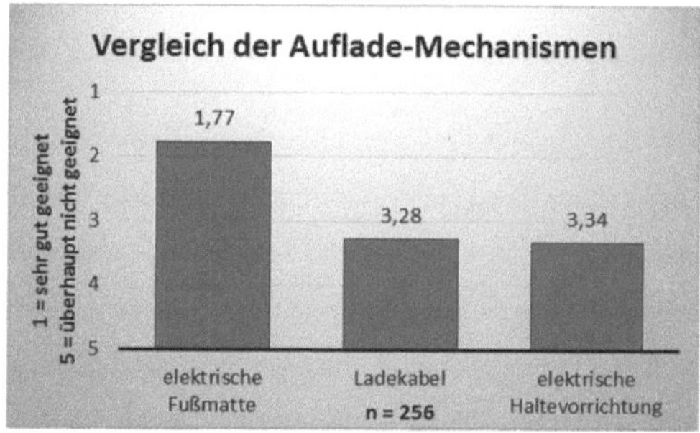

Abbildung 17: Vergleichende Bewertung unterschiedlicher Auflade-Mechanismen

Wie in Abbildung 17 ersichtlich, ergab die Befragung ein eindeutiges Ergebnis: Die elektronische Fußmatte wird im Mittel mit großem Abstand als am besten geeignete Variante angesehen. Die beiden anderen Varianten werden nur als *mittelmäßig gut geeignet* betrachtet, wobei die Meinungen zur konventionellen Aufladung per Ladekabel stärker divergieren. Während 10 % der Befragten diese Lösung als *sehr gut geeignet* betrachten, halten etwa 45 % den Mechanismus als *nicht gut geeignet* oder *gar nicht gut geeignet*.

Empfänger von Notrufen

Von sieben möglichen Empfängern der Alarme von *FamilyNet* sollten die Befragten diejenigen auswählen, die sie im realen Anwendungsfall berücksichtigen würden. Zusätzlich waren diese hinsichtlich der Reihenfolge, in der sie angerufen werden sollten, zu priorisieren.

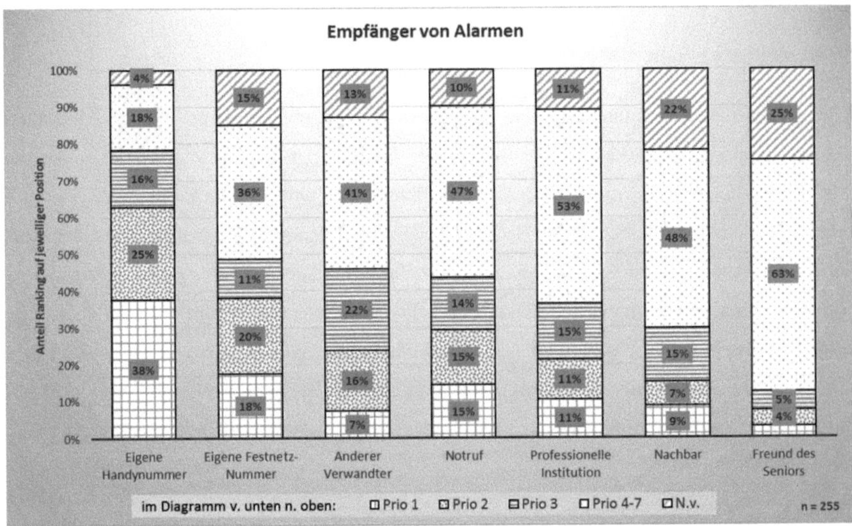

Abbildung 18: Verteilung der Priorisierung verschiedener, möglicher Alarm-Empfänger

Abbildung 18 zeigt, dass die Angehörigen sich als primäre Empfänger der Alarme sehen. In über 55 % der Fälle würden diese ihre Telefonnummer (Handy oder Festnetz) als ersten Adressat für den Alarm hinterlegen. Nachbarn und Freunde werden überdurchschnittlich oft gar nicht in die Alarmfolge eingebunden. Dies könnte dadurch begründet sein, dass diese Personengruppen teils schlicht nicht zur Verfügung stehen. Ferner verdeutlicht die Auswertung, dass die Angehörigen auf den Notruf (Nummer 112 an Rettungsleitstelle) als Fallback-Lösung nicht verzichten und die Verantwortung insofern ein Stück weit an professionelle Institutionen abtreten möchten.

4.4.5.3 Hausnotruf

In der Befragung bestätigt sich die Literaturmeinung, dass das Hausnotruf-System inzwischen einen großen Bekanntheitsgrad erlangt hat. Knapp 77 % der Befragten (n=256) kennen das Konzept des Hausnotrufs zumindest theoretisch. 35 % (n=196) dieser Personengruppe geben an, das System bereits bei einem Senior im Einsatz erlebt zu haben, wohingegen 65 % nur theoretisch mit dem Konzept betraut sind.

In den Experteninterviews zeigte sich immer wieder die gedankliche Assoziation zwischen *FamilyNet* und den bekannten Hausnotruf-Systemen. Im Zusammenhang mit der Marktpositionierung von *FamilyNet* sollte dieser Zusammenhang näher untersucht werden. Diejenigen Befragten, die den Hausnotruf zumindest theoretisch kennen (n=196), wurden daher gebeten, zu einigen Aussagen Stellung zu beziehen.

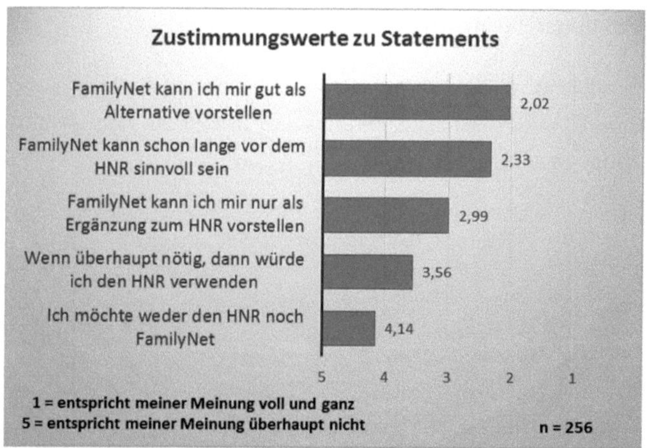

Abbildung 19: Zustimmungswerte zu Aussagen über *FamilyNet* und Hausnotruf

Abbildung 19 zeigt deutlich die unterschiedlich hohe Übereinstimmung der jeweiligen Aussagen mit der Meinung der Befragten. Die meisten Angehörigen betrachten *FamilyNet* in erster Linie als eine *Alternative zum Hausnotruf.* Relativ hoch ist auch die Übereinstimmung mit der Aussage, dass *FamilyNet bereits zeitlich vor dem Hausnotruf sinnvoll* sein könnte. Der Zustimmungsgrad zu den beiden genannten Aussagen korreliert von allen Antworten am stärksten mit der Gesamtbewertung des Produktes (0,45 bzw. 0,40). Ein mittelstarker Zusammenhang besteht ebenfalls zwischen den beiden Aussagen, die den Einsatz von *FamilyNet* grundsätzlich ablehnen (0,50).

FamilyNet greift bereits im Produktnamen das Paradigma auf, eine familieninterne Kommunikation ohne obligatorische Einbindung eines Dritten zu gewährleisten. In den Experteninterviews hatten die professionellen Experten bereits Skepsis gegenüber diesem Vorgehen verlauten lassen. Diese Vermutung bestätigt sich in der quantitativen Befragung. Etwa 82 % der Befragten befürworten die Einbindung einer Notrufzentrale zur Entgegennahme von Alarmen. Nur 23 % sind allerdings dazu bereit, hierfür eine geringe monatliche Gebühr in Höhe von etwa 20 Euro zu entrichten. Bei denjenigen Personen, die zuvor eine geringere Zahlungsbereitschaft angegeben hatten, liegt der Anteil nur bei 5 %, weswegen diese Personengruppe als grundsätzlich preissensitiver betrachtet werden kann.

4.4.5.4 Beratungs- und Kaufprozess

Beratungseinrichtungen für AAL-Produkte

Die Befragungsteilnehmer waren dazu aufgefordert, anzugeben, wie sehr sie verschiedene vorgegebene Beratungs-Institutionen als Ansprechpartner in Betracht ziehen würden, wenn sie professionelle Hilfe bei der Unterstützung des Seniors benötigten.

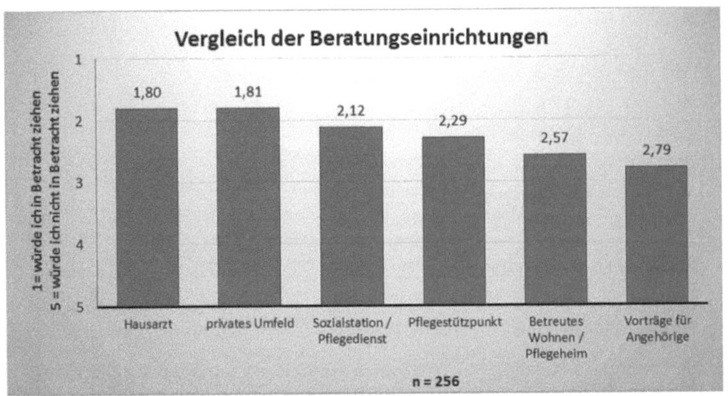

Abbildung 20: Vergleich verschiedener Beratungseinrichtungen

In der Auswertung zeigt sich, dass der *Hausarzt* und das *private Umfeld* der Betroffenen am ehesten als Quelle für Beratung infrage kommen. Offenbar spielt der Faktor *Vertrauen* bei der Beratung eine große Rolle.

Danach folgen mit der *Sozialstation bzw. den Pflegediensten* und dem *Pflegestützpunkt* diejenigen Institutionen, welche auch in den Experteninterviews typischerweise genannt wurden. Der Eindruck aus der qualitativen Befragung, dass eine gewisse Unsicherheit darüber herrscht, wo gute Beratung zu finden ist, spiegelt sich hier in den recht hohen Mittelwerten (größer als 1,8 Skaleneinheiten) und Standardabweichungen wieder.

Ergänzend werden besonders häufig verschiedene Wohlfahrtsverbände (22 Nennungen) wie das Deutsche Rote Kreuz (DRK) oder die Arbeiterwohlfahrt (AWO) sowie die Krankenkassen (zehn Nennungen) genannt.

Kaufprozess *FamilyNet*

Der Eindruck aus den Experteninterviews, dass zum Treffen der Kaufentscheidung sowohl das Einverständnis des Seniors als auch des Angehörigen notwendig ist, bestätigt sich in der quantitativen Befragung.

Nur ein Befragter (aus n=245) würde den Senior vor dem Kauf des Produktes nicht nach dessen Meinung fragen. Dies würde die Hälfte der Befragten tun. Die andere Hälfte der Befragten würde sogar mit dem Senior in ein entsprechendes Geschäft gehen, um ihm das Produkt zu zeigen bzw. vom Verkaufspersonal erklären zu lassen.

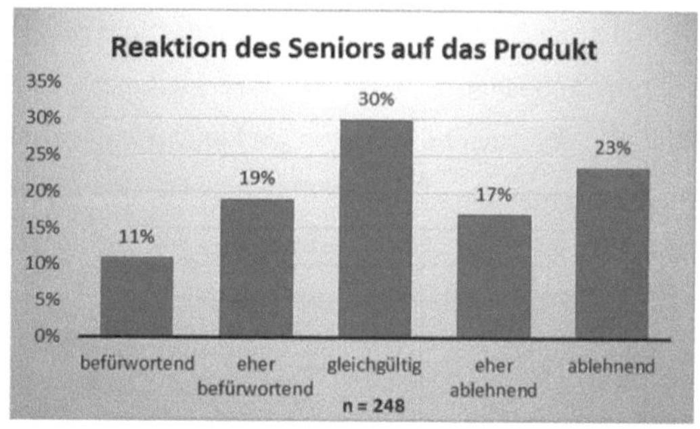

Abbildung 21: Antwortverteilung zur Haltung des Seniors gegenüber *FamilyNet*

Die Angehörigen schätzen die Reaktion der Senioren auf das Produkt skeptisch ein. Knapp 40 % der Befragten gehen davon aus, dass die Senioren *eher ablehnend* oder *ablehnend* auf das Produkt reagieren, wohingegen nur knapp 30 % eine *befürwortende* Haltung vermuten. Auch in den Freitext-Anmerkungen am Ende der Befragung teilen fünf Befragte mit, dass sie nicht glauben, dass sich der Senior vom Produkt überzeugen ließe.

Die Reaktion des Seniors auf das Produkt beeinflusst die Kaufentscheidung maßgeblich. 91 % (n=243) der Befragten würden das Produkt nur mit der Zustimmung des Seniors kaufen. Nur etwa 9 % der Befragten wären bereit, sich notfalls über eine ablehnende Haltung des Seniors hinwegzusetzen. Die Angehörigen, die dies angaben, antizipieren häufig eine befürwortende Haltung des Seniors. Unter denjenigen, die eine ablehnende Haltung erwarten, geben nur 2 %

an, sich über die Meinung des Seniors hinwegzusetzen. Realistisch betrachtet ist also nicht davon auszugehen, dass viele Personen ohne Zustimmung des Seniors den Kauf abschließen.

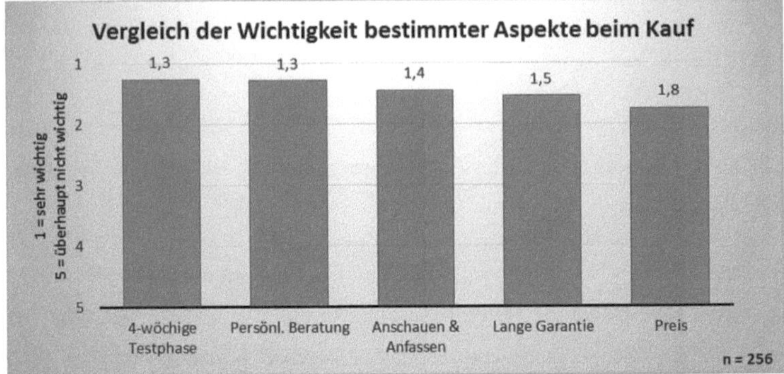

Abbildung 22: Vergleich der Bewertung der Wichtigkeit bestimmter Kaufaspekte

Grundsätzlich geben die Befragten an, dass der Preis nur eine untergeordnete Rolle bei ihrer Kaufentscheidung spielt. In Abbildung 22 zeigt sich, dass zwischen den einzelnen Aspekten kaum differenziert wird, was sich auch in sehr geringen Standardabweichungen ausdrückt. Im Durchschnitt erachten die Angehörigen alle genannten Aspekte als *wichtig* oder *sehr wichtig*. Eine *4-wöchige Testphase* vor der endgültigen Kaufentscheidung und die *persönliche Beratung* erscheinen den Befragten am wichtigsten. Mit etwas Abstand folgen die Möglichkeit, das *Produkt anschauen und anfassen* zu können, sowie eine *lange Garantiezeit*.

4.4.6 Methodische Reflexion

Nach der Durchführung der quantitativen Marktforschung können die in der Literatur diskutierten Erfordernisse von Pretests und Erfahrungswerten im Bereich der Konzeption von Fragebögen unterstrichen werden. Vereinzelt wurden bei der Konzeption des Fragebogens nicht alle benötigten Antwortmöglichkeiten vorhergesehen, sodass einige Befragte ihre Antwort in Freitext-Felder eintragen mussten. Die nachträgliche Kodierung dieser Angaben verursachte einen vermeidbaren Aufwand.

Ferner zeigte sich im Nachhinein, dass einige Fragen sehr differenzierte Ergebnisse lieferten, während das Spektrum der gegebenen Antworten in anderen Fällen sehr klein war. Zur besseren Differenzierbarkeit der Antworten hätte die Anzahl der Abstufungen in den Skalen passender variiert werden können.

Empfehlenswert erscheint bei Reflektion des Vorgehens außerdem, bereits bei der Konzeption des Fragebogens die spätere Auswertung der Fragen genau im Blick zu behalten und den kompletten Untersuchungsprozess zu Ende zu denken. Dies impliziert die Prüfung sämtlicher Fragen hinsichtlich der statistischen Auswertbarkeit und zuverlässigen Interpretierbarkeit. Damit kann vermieden werden, dass viel Zeit in die präzise und neutrale Formulierung interessanter Fragestellungen investiert wird, deren Ergebnisse im Nachhinein aber keinen Erkenntniszugewinn bringen, weil sie nicht eindeutig genug interpretierbar sind.

4.5 Übersicht über zentrale Erkenntnisse

Die empirischen Erhebungen brachten letztlich eine Fülle an Auswertungsdaten hervor, die nachfolgend auf die wichtigsten Erkenntnisse reduziert werden.

Einen der maßgeblichsten Befunde stellt die Tatsache dar, dass das Produkt von den direkt mit der Situation konfrontierten Personen positiv beurteilt wurde. Die Freitext-Bemerkungen zeigen, dass zumindest ein Teil der Befragten die Vorteile des Produkts zutreffend erkennt und diese offenbar auch zu schätzen weiß. Grundsätzlich wird das Produkt als neuartig und als eine eigenständig funktionsfähige Lösung empfunden, die sich vom konventionellen Hausnotruf-System abzugrenzen vermag.

Massive Bedenken, dass die Lebensgewohnheiten den sinnvollen Einsatz von *FamilyNet* nicht ermöglichen, bestätigen sich nicht. Die Mehrheit der Senioren scheint Hausschuhe regelmäßig zu tragen und sich nur wenig außer Haus aufzuhalten. Damit ist gewährleistet, dass eine ausreichende Datenbasis für *FamilyNet* zur Berechnung der Parameter zur Verfügung steht. Die Sturzproblematik als potenzieller Motivator zur Beschäftigung mit einem solchen Produkt spielt v.a. emotional eine große Rolle. Stürze passieren häufig und haben auch gesundheitliche Folgen. Das Szenario des unentdeckten Liegenbleibens findet aber objektiv seltener statt als durch Erfahrungsberichte angenommen.

Bereits in der qualitativen Befragung deutete sich an, dass es wichtig sein könnte, Angehörige und Senioren gleichermaßen zu überzeugen, wobei die Angehörigen als erster Ansprechpartner dienen. Dies bestätigt sich genauso nachdrücklich wie die Tatsache, dass bei den Senioren genuin mit einer eher ablehnenden Haltung zu rechnen ist. Ursächlich hierfür sind v.a. die Bedenken gegenüber einer grundsätzlichen Überwachung des Tagesablaufs.

In den Befragungen wird deutlich, dass die Notfallfunktionen im Fokus der Anwender stehen. Diese werden als wesentlich wichtiger eingeschätzt als eher präventiv ausgerichtete Funktionen, obwohl diese ein deutliches Differenzierungsmerkmal darstellen. Es besteht der Wunsch nach einer Ausweitung der Notfallüberwachung sowie nach zusätzlichen Erweiterungen des Funktionsumfangs.

Als primäre Empfänger von Alarmen sehen die Angehörigen sich selbst, bevorzugen aber in der Regel eine dauerhaft erreichbare Leitstelle als Fallback-Lösung. Professionelle Vertreter des Gesundheitswesens haben die Erfahrung gemacht, dass Angehörige zunächst bereit sind, selbst Alarme entgegenzunehmen, diese Bereitschaft aber schnell abnimmt. Die generelle Befürchtung, dass die Angehörigen durch *FamilyNet* zu sehr in die Verantwortung genommen würden, kann durch deren Aussagen nicht bestätigt werden.

Ein Indiz für die erwartete Heterogenität und unscharfe Abgrenzbarkeit der Zielgruppe liefert die Tatsache, dass kaum Korrelationen zwischen Meinungsbildern und den faktisch erhobenen sozio-demografischen Merkmalen festgestellt wurden.

Sowohl in der qualitativen als auch in der quantitativen Befragung deutet sich an, dass die Angehörigen unsicher sind, wo sie grundsätzliche Beratung erhalten und AAL-Produkte erwerben können bzw. wo sie am liebsten *FamilyNet* kaufen würden. Die Angehörigen orientieren sich an typischen Institutionen des Gesundheitswesens wie dem Hausarzt, der Krankenkasse oder der Apotheke, die gemeinhin bekannt sind und als vertrauenswürdig erachtet werden. Das Internet wird als Informationsmedium für *FamilyNet* in Betracht gezogen, aber nicht als Vertriebsquelle. Persönliche Beratung und die Möglichkeit, das Produkt real betrachten zu können, sind wichtige Aspekte beim Kauf, die ein Online-Vertrieb nicht bieten kann.

Bei den Auflade-Mechanismen zeigt sich in der quantitativen Befragung eine deutliche Präferenz für die elektronische Fußmatte, die in den Experteninterviews noch nicht absehbar war.

5 Handlungsimplikationen

Im folgenden Kapitel werden basierend auf den vorherigen Erkenntnissen Handlungsimplikationen für die Markteinführung von *FamilyNet* abgeleitet. Dabei findet insbesondere ein Rückgriff auf das eingangs dieser Master-Thesis vorgestellte Konzept des Universal Design und auf die Blue Ocean-Strategie statt.

5.1 Abschätzung der Marktakzeptanz

In der empirischen Untersuchung hat sich gezeigt, dass die befragten Angehörigen das Produkt sehr positiv beurteilen. In den Experteninterviews zeigten sich die professionellen Experten zumindest interessiert an der Produktidee. Allerdings wurde stets deutlich, dass auch die unterstützungsbedürftigen Senioren mit dem Kauf des Produktes einverstanden sein müssen. Da diese eine skeptischere Haltung gegenüber Neuerungen einnehmen, ist die tatsächliche Marktakzeptanz aus den Ergebnissen der empirischen Untersuchung nur schwer abschätzbar. Sicherlich lassen die erworbenen Erkenntnisse eine zuversichtliche Prognose zu, dennoch bleiben die Erfolgsaussichten weiterhin unsicher.

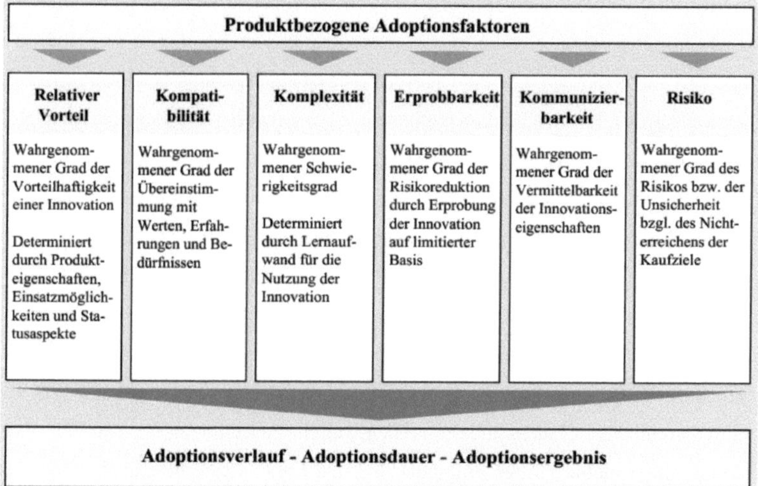

Abbildung 23: Produktbezogene Adoptionsfaktoren nach Rogers (1962)[364]

[364] Bildquelle: Albers 2001: S. 518.

Neben den empirischen Untersuchungen bieten die produktbezogenen Kriterien für den Innovationserfolg nach Rogers: S. 124ff. (1962)[365] ein Instrumentarium, um die Akzeptanz eines neuen Produktes zu beurteilen und um noch ungenutzte, akzeptanzsteigernde Potenziale zu identifizieren. In Abbildung 23 sind diese Faktoren abgebildet und kurz erklärt. Im Folgenden sollen sie in Bezug auf *FamilyNet* untersucht und bewertet werden.

Der **relative Vorteil** von *FamilyNet* im Vergleich zu bekannten Hausnotruf-Systemen wurde in der Online-Befragung von einer relevanten Anzahl an Teilnehmern erkannt und zutreffend wiedergegeben. 19 % der Befragten gewichten diesen Vorteil so hoch, dass sie bereit wären, für *FamilyNet* mehr zu bezahlen als für ein Hausnotruf-System. Diese Personengruppe konnte die Gründe hierfür recht präzise angeben: Als zentraler Vorteil ist sowohl aus Sicht der Angehörigen als auch aus der Perspektive der Senioren die größere Sicherheit durch die automatische Sturzerkennung zu nennen. Die Funktionalitäten zur Erfassung der Aktivität, des Sturzrisikos und des Gesundheitszustands stellen weitere Alleinstellungsmerkmale dar. Der Nutzen dieser Aspekte ist indes nicht allen Angehörigen einsichtig. Insgesamt brachten die Befragten zum Ausdruck, dass *FamilyNet* eine vollwertige Alternative zum Hausnotruf darstellt, deren Einsatz früher sinnvoll sein kann und somit zumindest über einen gewissen Zeitraum Vorteile bietet.

Die **Kompatibilität** zu bekannten Mustern adressiert die Thematik des Lernaufwands. Sicherlich sind es die potenziellen Kunden weder gewohnt, dass elektronische Elemente in einer Schuhsohle verbaut sind, noch dass ihr Tagesprofil aufgezeichnet und Abweichungen automatisch detektiert werden. Die Produktkonzeption tut daher gut daran, die elektronischen Komponenten des Hausschuhs möglichst gut zu verbergen. Das Tragen eines Hausschuhs und das Abstellen desselben auf einer Fußmatte entsprechen den gewohnten Abläufen vieler Senioren. Im Zusammenhang mit einer möglichst hohen Kompatibilität und niedrigen Komplexität der Innovation scheint der Auflade-Mechanismus mittels einer elektronischen Fußmatte besonders hilfreich zu sein. Die stärkere Überwachung von Aufenthaltsorten und Aktivitäten wird in der Gesellschaft immer wieder und gerade aktuell im Zusammenhang mit den Abhörpraktiken diverser Geheimdienste[366] diskutiert. Es ist fraglich, inwiefern sich entsprechende Wertvorstellungen in den kommenden Jahren ändern werden. Durch die Betonung der Tatsache, dass *FamilyNet* keine unbekannten Dritten einbindet und den Familienzusammenhalt stärkt, können

[365] Zitiert nach: Kuhn 2007: S. 38.
[366] Assheuer 2013.

Werte mit *FamilyNet* in Verbindung gebracht werden, die gerade die Senioren besonders schätzen.

Die Realisierung als Hausschuh und die Nutzung einer elektronischen Ladematte verringern die Bedien**komplexität** des Produkts. Weder entsteht für die Senioren ein Lernaufwand im Umgang mit den Schuhen, noch muss sich jemand aktiv um das Aufladen kümmern. Die Angehörigen müssen lediglich eine App installieren oder ihre E-Mails abrufen. Innerhalb der relevanten, technikaffinen Zielgruppe sollte dies kein Problem darstellen. Ferner sorgt das einfach verständliche Ampelsystem in der App für einen geringen Schwierigkeitsgrad bei der Bedienung.

Der in den Experteninterviews geäußerte Wunsch, das Produkt testen zu können, wurde auch in der Online-Befragung als wichtig beurteilt. Die Experten machten deutlich, dass sie dem Produkt wesentlich positiver gegenüberstehen würden, wenn sie es erfolgreich getestet hätten. Entsprechend scheint FamilyNet als sehr gut **erprobbar** wahrgenommen zu werden. Die erfolgreiche Nutzung vermindert das Risiko, die Kaufziele nicht zu erreichen, deutlich. Es reichen evtl. wenige Stunden oder Tage aus, um das Produkt zu testen, den Nutzen praktisch zu erfahren und damit das Risiko zu reduzieren. Technisch ist es einfach möglich, einen Testzeitraum anzubieten und danach die Nutzung der App oder die Zustellung von E-Mails abzuschalten.

Die **Kommunizierbarkeit** der Innovation kann als kritischer Aspekt aufgefasst werden. Während die Wirkung von *FamilyNet* noch einfach vermittelt werden kann, ist insbesondere die Berechnung der komplexen Parameter wie dem Gesundheitszustand auf Basis der sensorgestützten Ganganalyse für Laien nur sehr schwer nachvollziehbar. In den Experteninterviews wurde mehrfach bezweifelt, dass dies überhaupt möglich sei. Letztlich sind die potenziellen Kunden darauf angewiesen, auf das Nutzenversprechen des Anbieters zu vertrauen. Eine einfühlsame, persönliche Beratung und evtl. sogar eine Vorführung des Produkts können dazu dienen, der herausfordernden Kommunizierbarkeit entgegenzutreten.

Entsprechend groß empfanden die Experten das **Risiko**, dass *FamilyNet* das getätigte Nutzenversprechen nicht wirklich erfüllen kann. Zwar ist der Grad des empfundenen Risikos hoch, kann aber durch die Erprobung stark reduziert werden. Ein weiterer Aspekt, der im Vorfeld Vertrauen zum Produktnutzen schaffen und damit das Risiko reduzieren kann, sind positive Erfahrungs- und Testberichte. Ein Risikofaktor, der nicht ausgeschlossen werden kann, ist der überraschende Tod des Benutzers oder der erforderliche Umzug des Betreuungsbedürftigen ins

Pflegeheim. Dadurch ginge der eigentliche Einsatzzweck von *FamilyNet* verloren. Monatlich kündbare Bezahl- oder Verleih-Modelle verringern allerdings das dahinterstehende finanzielle Risiko.

5.2 Mögliche Konkurrenzprodukte

Die konventionellen Hausnotruf-Systeme sind inzwischen recht gut in der Gesellschaft bekannt. In der durchgeführten Befragung wussten 77 % der Angehörigen zumindest theoretisch über das Konzept des Hausnotrufs Bescheid. Eine Forsa-Umfrage aus dem Jahr 2007 ermittelte, dass 62 % der Bürger über 40 Jahre schon einmal von dem Begriff gehört haben.[367] Die Anbieter von Hausnotruf-Systemen haben derzeit insgesamt etwa 400 000 Kunden.[368] Abgesehen davon entstehen in den letzten Jahren vermehrt Produkte, die zwar ebenfalls Notruf- und Überwachungsfunktionalitäten anbieten, sich aber dennoch von den konventionellen Systemen abgrenzen. Die neuen Lösungen bieten ein umfangreicheres Funktionsspektrum, sind nicht zwangsläufig als Hausnotruf erkennbar und können aufgrund einer höheren Intelligenz mitunter automatisch Notfallsituationen erkennen. Damit gehören diese Produkte zur Konkurrenz von *FamilyNet*. Einige dieser neueren Produkte werden im Folgenden exemplarisch beschrieben.

Mit dem System ZETTLER® CareConnect bietet die TOTAL WALTHER GmbH, die auf ihrer Internet-Präsenz mit Expertise in den Geschäftsfeldern Feuerschutz, Sicherheit und Kommunikation wirbt, ein „sensorbasierte[s] Personenschutzsystem für ein sicheres Leben im eigenen Zuhause bis ins hohe Alter“[369]. Im gesamten Haushalt werden „elektronische Kombisensoren“[370] installiert, welche Bewegungen, die Temperatur und die Helligkeit registrieren und die erhobenen Werte mit einem Tagesprofil abgleichen. „Abweichungen von personenbezogenen Tagesgewohnheiten“[371] führen zu Notrufmeldungen. Im Produktportfolio führt das Unternehmen auch klassische Hausnotruf-Systeme, mobile Notrufprodukte, Methoden zur Lokalisierung von desorientierten Personen, Videoüberwachungssysteme oder die Integration von Brandmeldeanlagen.[372] Damit wird ein umfassendes Konzept angeboten.

---

367 forsa - Gesellschaft für Gesellschaft und statistische Analyse mbH [Online im Internet].
368 aproxima GmbH et al. 2010: S. 1 [Online im Internet].
369 Leissner [Online im Internet].
370 Leissner [Online im Internet].
371 Leissner [Online im Internet].
372 Vgl. ADT Security Deutschland GmbH & TOTAL WALTHER GmbH [Online im Internet].

Ein ähnliches Konzept verfolgt das HANS-System (Häuslich Assistierte Notruf Sensoren), welches seit kurzem vom DRK angeboten wird. Durch eine Kombination von in der Wohnung installierten Sensoren für Elektrogeräte oder für die Matratze im Bett und Magnetkontakten für Schubladen sowie Schranktüren kann ein Aktivitätsprofil erstellt werden. Ein Ampelsystem indiziert Abweichungen vom gewöhnlichen Tagesablauf. Diese Werte können je nach Wunsch von der DRK-Hausnotrufzentrale überwacht oder an die Angehörigen übermittelt werden. Das DRK wirbt damit, dass „in jedem Fall (...) eine mögliche Notsituation sofort erkannt“[373] wird. Im Alltag der Senioren arbeitet das HANS-System nach Informationen des DRK unbemerkt und weitestgehend unsichtbar.

Die Limmex AG bietet verschiedene Uhren-Modelle, mit denen Notrufe ausgelöst werden können. Seit Oktober 2012 befinden sich diese Uhren auf dem deutschen Markt.[374] Das Produkt hebt sich von anderen Lösungen weniger durch das Funktionsangebot, sondern eher durch das Design und die Art des Marketings ab. Das Prinzip des Universal Design wird konsequent umgesetzt.

Im März 2013 meldete die österreichische Stadt Schwechat, dass der in einem Forschungsprojekt entwickelte eShoe für Senioren vermarktet werden soll. Es handelt sich bei dem Produkt um einen „IT-gestützte[n] Behelf, der älteren Menschen auf verschiedene Weise das Leben erleichtern soll“[375]. Im Fokus stehen hierbei die Ganganalyse zur Bestimmung des Sturzrisikos und Aktivitäten zur Sturzprophylaxe. Vor der Vermarktung soll der eShoe zu einem Hilfsmittel für Schlaganfallpatienten weiterentwickelt werden.

Intelligente Schuhsohlen kommen aber nicht nur aus der IT- und AAL-Forschung hervor, sondern auch aus der Schuhindustrie. Am Internationalen Schuhkompetenzzentrum ISC in Pirmasens werden in einem biomechanischen Labor Ganganalysen durchgeführt. Momentan wird an einer Schuhsohle geforscht, die über eine Ausstattung mit Sensorik ihren Härtegrad verändern und sich damit dem Laufstil des Trägers anpassen kann. Die Steuerung des Härtegrades soll der Benutzer eigenständig über eine Smartphone-App vornehmen.[376]

Zusammenfassend lässt sich festhalten, dass v.a. in den vergangenen Monaten in verschiedenen Branchen Produkte entstanden, die sich mit der automatischen, unsichtbaren Erkennung von

[373] Deutsches Rotes Kreuz Kreisverband Karlsruhe e.V. [Online im Internet].
[374] Limmex AG [Online im Internet].
[375] Stadtgemeinde Schwechat [Online im Internet].
[376] Vgl. DIE RHEINPFALZ 25. Februar 2014.

Notfallsituationen durch Sensoren beschäftigen. Die Benutzung der Systeme erfordert nicht mehr das Anlegen eines Geräts wie eines Hausnotruf-Knopfs, sondern nur noch das Tragen eines alltäglichen Gegenstands wie einer Uhr oder eines Schuhs. Die statisch verbauten Sensoren in der Wohnung erfordern gar keinen Beitrag des Benutzers mehr. Im Bereich der intelligenten Schuhsohle spielen die Ganganalyse, die therapeutisch-diagnostische Unterstützung oder prophylaktische Aktivitäten eine Rolle.

Gerade die neuen Akteure auf dem Markt, die sich abseits des konventionellen Hausnotruf-Systems bewegen, verwirklichen einige der neuen Aspekte von *FamilyNet*. Allerdings scheint bis dato kein Produkt den echten Durchbruch auf dem Markt geschafft zu haben. In der Sprache der Blue Ocean-Strategie lässt sich zusammenfassen: Der aussichtsreiche blaue Ozean wurde von vielen Akteuren bereits identifiziert. Bisher ist es aber keinem gelungen, eine entsprechende Marktmacht aufzubauen. Vermutlich wird es aber nicht mehr allzu lange dauern bis die ersten Akteure den blauen Ozean erobert haben, in den Konkurrenzkampf eintreten und damit den blauen in einen roten Ozean verwandeln.

5.3 Zielgruppe für *FamilyNet*

5.3.1 Identifikation

Handlungsempfehlungen hinsichtlich der Vermarktung von AAL-Produkten beziehen sich in der Literatur zumeist auf die adäquate Adressierung der Senioren. Umfassende, belastbare Vermarktungskonzepte existieren bis dato nicht.[377] Grundsätzlich greifen ältere Verbraucher beim Kauf technischer Geräte allerdings gerne auf die Meinung von Familie, Bekannten oder Freunden zurück. Häufig werden damit die Kinder zum Kaufentscheider, selbst wenn diese ihrerseits bereits in einem höheren Alter sind.[378]

Die empirischen Studienergebnisse zeigten, dass die Angehörigen eine mindestens genauso große Rolle beim Kaufprozess für ein Produkt spielen wie die Senioren selbst. Konkret ist davon auszugehen, dass die Angehörigen die Kaufentscheidung eher vorantreiben als die Senioren, die ihren Bedarf tendenziell unterschätzen und neuen Produkten kritisch gegenüberstehen. Letztlich bedarf es eines Marketing-Konzepts, welches die Angehörigen anspricht, aber dennoch derart gestaltet ist, dass die Senioren sich nicht gegen den Kauf verwehren. Dies liegt auch

---

[377] Vgl. Becker et al. 2012: S. 242.
[378] Vgl. Bundesministerium für Familie, Senioren, Frauen und Jugend März 2010: S. 38.

darin begründet, dass *FamilyNet* im Gegensatz zu vielen anderen AAL-Produkten v.a. Nutzenwerte für Angehörige oder Betreuende schafft. Da somit Vorteile für mehrere Personen entstehen, müssen auch die Anforderungen der verschiedenen Begünstigten berücksichtigt werden.[379]

Wie viele Personen ihre älteren Angehörigen unterstützen, kann nur grob abgeschätzt werden. Laut Meyer et al.: S. 31 (2010a) kommen auf jeden im Sinne der Pflegeversicherung pflegebedürftigen Senior weitere zwei Senioren, die von Angehörigen unterstützt werden. Laut Pflegestatistik 2011 wurden etwa 1,75 Mio. Pflegebedürftige zuhause von ihren Angehörigen gepflegt.[380] Ausgehend von obiger Annahme unterstützen damit etwa 5,25 Mio. Angehörige verwandte Senioren. Hiervon abzuziehen wären einige schwer pflegebedürftige Senioren, die zwar noch zuhause betreut werden, aber bei denen der Einsatz von *FamilyNet* nicht mehr sinnvoll ist. Demgegenüber stünden einige Senioren, die zwar noch nicht unterstützungsbedürftig sind, sich aber bereits für sicherheitssteigernde Systeme interessieren. Grob geschätzt dürfte die relevante Zielgruppe der unterstützenden Angehörigen in Deutschland derzeit eine mittlere, einstellige Millionenzahl an Personen umfassen.

Die Blue Ocean-Strategie fordert von Unternehmen, dass diese sich bei der Erschließung blauer Ozeane den Nichtkunden zuwenden.[381] In diesem Kontext stellt sich die Frage, wer außer der typischen Zielgruppe der Senioren weiter als Kunden in Betracht kommt. Eine Ausweitung der Anwendungsgebiete führt nicht nur zu einer zahlenmäßigen Vergrößerung der Zielgruppe, sondern kann auch die Stigmatisierung des Produkts verringern. Dadurch könnten diejenigen Nichtkunden, die sich bisher verweigern, zu Neukunden werden.

Im Rahmen der Gesundheitsbranche können neben den Senioren noch weitere Personengruppen identifiziert werden, welche einem erhöhten Risiko zu stürzen oder bewusstlos zu werden unterliegen. Dies können bspw. Personengruppen sein, die unter chronischen Gehbeeinträchtigungen oder Erkrankungen leiden, die ein erhöhtes Risiko für Ausfallerscheinungen wie Bewusstlosigkeit, Aphasie (Sprachlosigkeit) oder Parese (Schwächung/Lähmung) mit sich bringen. Diese Symptome treten z.B. häufig in Verbindung mit Schlaganfällen auf. Ferner sind auch diagnostische oder therapeutische Einsatzgebiete nach medizinischen Behandlungen denkbar. Aus diagnostischer Perspektive kann ein temporär stark verändertes Gangbild bspw. ein Indiz

---

379 Meyer et al. 2010b weisen darauf hin, dass die Bedürfnisse der Angehörigen genauso berücksichtigt werden sollten wie diejenigen der Senioren. Vgl. hierzu Meyer et al. 2010b: S. 123 ff.

380 Statistisches Bundesamt 18. Januar 2013: S. 5.

381 Kim et al. 2005: S. 94 ff.

für eine transitorische ischämische Attacke (TIA), die durch kleine Schlaganfälle ausgelöst wird, darstellen.

Daneben sind auch Nichtkunden zu berücksichtigen, die unter keinen Defiziten leiden, aber trotzdem an einem Monitoring ihres Laufstils und einer Sicherheitsfunktion für Notfälle interessiert sind. In den Experteninterviews wurde erwähnt, dass v.a. außer Haus eine Notruffunktion sinnvoll sei, etwa bei einem einsamen Waldspaziergang, beim Joggen oder auf dem weitläufigen Golfplatz. Eine entsprechende Lösung von *FamilyNet*, die sich nicht als Gesundheitsprodukt präsentiert, könnte sportliche Menschen oder Personen, die alleine in gefährlichem Umfeld unterwegs sind, durch die gesamte Gesellschaft hinweg interessieren und somit bisher unentdeckte Nichtkunden zu Neukunden machen.

5.3.2 Adressierung

Eine gezielte Adressierung einer bestimmten Zielgruppe erfordert, dass diese anhand gewisser Personenmerkmale erkannt und entsprechend angesprochen werden kann. Die empirischen Untersuchungen haben gezeigt, dass sich betreuende Angehörige nicht an sozio-demografischen Merkmalen erkennen lassen. Ferner sind nur wenige betreuende Angehörige in Vereinigungen organisiert,[382] was die Adressierung dieser Personengruppe grundsätzlich erschwert.

Dennoch können die existierenden Vereinigungen der pflegenden Angehörigen kontaktiert werden, um mehr über die typischen Sorgen und Nöte der Angehörigen zu erfahren. Wenn sich diese Vereinigungen über das Internet organisieren, dann ist die notwendige Technikaffinität der Angehörigen bereits sichergestellt, sodass die Zielgruppe einfach elektronisch angesprochen werden kann.

Um diejenigen Personen zu erreichen, die durch eine unangenehme Erfahrung wie einen Sturz bereits mit der Problematik konfrontiert sind und eine Lösung suchen, sollten Institutionen informiert werden, die entlang des Prozesses nach einem Sturz agieren. In diesem Zusammenhang ist einerseits sicherlich der Hausarzt zu nennen, der von dem medizinisch relevanten Vorfall Kenntnis bekommt, und in schlimmeren Fällen auch der soziale Krankenhausdienst, der im Rahmen des Entlassmanagements Patienten berät, die aus der stationären Versorgung entlassen

[382] Eine Online-Plattforme zum Austausch von pflegenden Angehörigen ist bspw. http://elternpflege-forum.de. Bei www.wir-pflegen.net handelt es sich um die Internetpräsenz eines Vereins zur Interessenvertretung begleitender Angehöriger und Freunde in Deutschland. Insgesamt gibt es einzelne Zusammenschlüsse und spezielle Angebote für pflegende Angehörige, allerdings mit recht geringen Mitgliederzahlen.

werden. Da Patienten aus den Krankenhäusern häufig in Reha-Kliniken eingewiesen werden, bevor sie wieder in ihre übliche Wohnumgebung zurückkehren, können sturzerfahrene Senioren auch in den Reha-Kliniken gezielt angesprochen werden. Damit wäre ein Zugang zu der Personengruppe geschaffen, die durch persönliche Erfahrung die Notwendigkeit eines Sicherungssystems anerkennt.

Ein weiteres, erfolgreiches Instrument ist die direkte Ansprache von potenziell interessierten Personen bei Veranstaltungen in den Ortschaften, bei denen Vertrauen durch den persönlichen Kontakt geschaffen werden kann.[383] Auch in der Primärmarktforschung zeigte sich, dass das private Umfeld neben dem Hausarzt die favorisierte Quelle ist, wenn es um Fragen zu generellen Unterstützungsleistungen geht. Weiter zeigte sich aber auch, dass die Informationsmaterialen dann gerne auch in unpersönlichen Medien wie dem Internet studiert werden.

Da sich die Angehörigen schlecht eingrenzen und gezielt adressieren lassen und weil die finanziellen Ressourcen für eine breit angelegte Werbe-Kampagne nicht verfügbar sind, müssen geeignete Multiplikatoren identifiziert werden, welche die Angehörigen selbstständig aufsuchen, wenn sie allgemeinen Unterstützungsbedarf sehen und sich damit selbst der Zielgruppe zuordnen. Die entsprechenden professionellen Experten zeigten sich interessiert an dem Produkt und würden dieses gerne in ihr Beratungsportfolio aufnehmen. Sie berichteten außerdem von dem Erfolg einer Vor-Ort-Beratung in der Wohnung des Seniors. Wenn die potenziellen Kunden auf das Produkt aufmerksam geworden sind, sollte eine persönliche Vor-Ort-Beratung angeboten werden. Diese hat den Vorteil, dass die Gegebenheiten in der Wohnung geprüft und das Produkt real vorgeführt werden kann. Der persönliche Kontakt ist insbesondere den Senioren wichtig, da er Vertrauen schafft und einen Ansprechpartner für Probleme präsentiert.

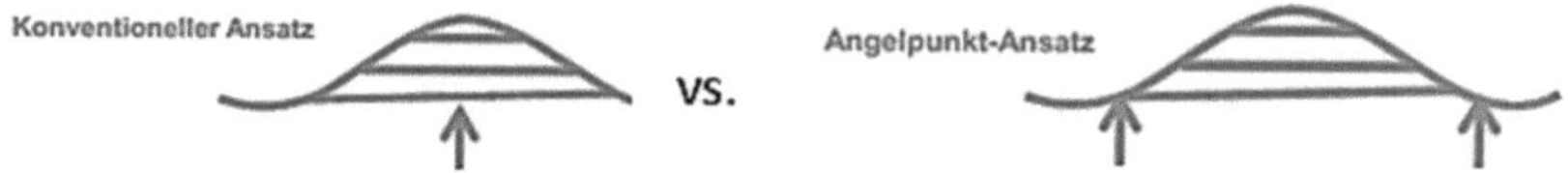

Abbildung 24: Vergleich konventioneller Ansatz vs. Angelpunkt-Ansatz

Der gezielte Einsatz von Multiplikatoren wird in der Blue Ocean-Strategie als Angelpunkt-Ansatz beschrieben. Die strategischen Ansätze beziehen sich zwar originär auf den organisationalen Wandel, verdeutlichen aber auch gut die Überlegungen zur Marketing-Strategie. Die

383 Vgl. Porsch et al. 2013: S. 83 ff.

Massen zu adressieren, so wie es beim konventionellen Ansatz getan wird, bindet viele Ressourcen und benötigt viel Zeit. Alternativ besteht die Möglichkeit, sich auf „Leute, Handlungen und Aktivitäten, die einen asymmetrisch großen Einfluss (...) haben“[384], also auf die sog. Angelpunkte, zu konzentrieren. Damit lassen sich rasche Veränderungen bei niedrigen Kosten erreichen.[385]

Verschiedene Publikationen weisen auf die besondere Relevanz der persönlichen Weiterempfehlung im Gesundheitswesen bzw. im Umgang mit Senioren hin.[386] Ältere Menschen verlassen sich besonders gerne auf das Urteil ihres persönlichen Umfelds.[387] Ein Grund hierfür ist die Tatsache, dass den unparteilichen Freunden, Bekannten und Verwandten eine höhere Vertrauenswürdigkeit zugestanden wird, weil sie kein Verkaufsinteresse hegen.[388] Neben diesen direkten Informationen aus dem Umfeld sind aber auch Informationen aus dem Internet, Testberichte in einschlägigen Zeitschriften bzw. Erfahrungsberichte im Internet oder Anzeigen in regionalen Zeitungen relevant.[389] Im Rahmen der Testberichte könnte *FamilyNet* einen komparativen Vorteil gegenüber den Hausnotruf-Systemen haben, die in einer Untersuchung der Stiftung Warentest insgesamt nicht besonders gut abschnitten.[390]

Um die Effekte aus persönlicher Weiterempfehlung und Erfahrungsberichten zu nutzen, muss ein positives Nutzenerlebnis unbedingt gewährleistet werden. Entsprechend sind Maßnahmen zu ergreifen, damit ein stetiges Kundenfeedback eingeholt und dessen Zufriedenheit garantiert werden kann. Es ist in diesem Zusammenhang zu prüfen, ob das Modell der Freunde-Werbung oder Weiterempfehlung, die bei vielen anderen Produkten etabliert ist, auch im Zusammenhang mit *FamilyNet* Anwendung finden kann. Damit werden Konsumenten als Multiplikatoren genutzt, sofern sie mit der Nutzung zufrieden sind. Gerade weil im Gesundheitswesen der Vertrauensfaktor eine große Rolle spielt, sind persönliche Weiterempfehlungen besonders wichtig. Es könnte sich also lohnen, in ein attraktives Anreizsystem zur Weiterempfehlung zu investieren, auch wenn dies im Gesundheitsmarkt bisher eher unüblich ist.

---

384 Kim et al. 2005: S. 156.
385 Vgl. Kim et al. 2005: S. 156.
386 Vgl. Bundesministerium für Familie, Senioren, Frauen und Jugend März 2010: S. 38 und Porsch et al. 2013: S. 83 ff.
387 Vgl. Bundesministerium für Familie, Senioren, Frauen und Jugend März 2010: S. 38.
388 Dressler 2009.
389 Vgl. Bundesministerium für Familie, Senioren, Frauen und Jugend März 2010: S. 38.
390 Stiftung Warentest 2011.

5.4 Strategische Positionierung im Markt

Die empirische Untersuchung hat gezeigt, dass die Notruffunktionen bei *FamilyNet* stark im Fokus stehen und sich somit unweigerlich eine gewisse Ähnlichkeit und damit Konkurrenzsituation zu konventionellen Hausnotruf-Systemen ergibt. Zwar liegt *FamilyNet* gegenüber bestehenden Hausnotruf-Systemen eine wesentliche komplexere Technologie zugrunde, aus Käufersicht ist aber evtl. nur ein inkrementeller Nutzenzuwachs entstanden. Die Positionierung als erweiterter Hausnotruf könnte den Eintritt in einen roten Ozean bedeuten, in dem sich bereits mächtige Konkurrenz etabliert hat, die evtl. unter erheblichem Ressourceneinsatz überboten werden muss.

Bei den Betreibern von Hausnotruf-Systemen handelt es sich mehrheitlich um große Wohlfahrtsverbände, die einen hohen Bekanntheitsgrad aufweisen und im Gesundheitsmarkt ein gutes Renommee genießen. In den empirischen Untersuchungen wurde stets der Faktor *Vertrauen* als besonders wichtig hervorgehoben. Die Chance, als aufstrebender Mitbewerber ohne erheblichen Ressourceneinsatz im roten Ozean mit der Konkurrenzsituation zu den etablierten Wohlfahrtsverbänden zu bestehen, erscheint sehr gering.

Die bewusste Distanzierung vom klassischen Hausnotruf bietet hingegen die Chance, in einen profitablen blauen Ozean vorzudringen. Hierzu bedarf es einer klaren Fokussierung sowie Differenzierung und eines überzeugenden Slogans. Die schlichte Vereinigung der klassischen Notruf-Funktionalitäten und neuartigen Funktionen widerspricht der Differenzierung entlang der kompletten Nutzenkurve.

Ein zentraler Aspekt bei der Entwicklung der Marktpositionierungsstrategie stellt die Überlegung dar, wie die geäußerten Kundenwünsche berücksichtigt werden können, ohne in den roten Ozean der Hausnotruf-Systeme einzusteigen.

Die nachfolgend dargelegten Ansätze sind nicht als fertig ausformulierte Strategien zu verstehen, da hierzu noch zu viele Fragen ungeklärt sind. Vielmehr sollen sie Ideen für weitere Überlegungen darstellen, die eine gute Diskussionsbasis liefern, aber sicherlich einer weiteren Prüfung und Konkretisierung unterzogen werden müssen.

5.5 Nutzenkurve gemäß Blue Ocean-Strategie

Die Nutzenkurve als zentrales Element der Blue Ocean-Strategie stellt ein geeignetes Instrumentarium dar, um die Produktkonzeption in Abgrenzung zu marktüblichen Produkten vorzunehmen. Eine Nutzenkurve sollte eine deutliche Differenzierung zu Nutzenkurven bestehender Produkte im Markt aufweisen und in sich konsistent sowie frei von strategischen Widersprüchen sein. Ferner bildet sie die Fokussierung auf bestimmte Funktionen ab, die notwendig ist, um die Kostenfaktoren gering zu halten und somit eine Nutzeninnovation zu ermöglichen.[391]

5.5.1 Beschreibung

Die nachfolgende Nutzenkurve stellt eine mögliche, als günstig beurteilte Positionierung von *FamilyNet* dar, die sich deutlich vom Hausnotruf differenziert und damit den Einstieg in einen profitreichen blauen Ozean ermöglichen kann. Da sich *FamilyNet* noch nicht auf dem Markt befindet, ist die Nutzenkurve nicht als diagnostisches Instrument zur Ermittlung des Status Quo zu verstehen. Vielmehr stellt nachfolgender Verlauf ein anstrebenswertes Zielszenario dar.

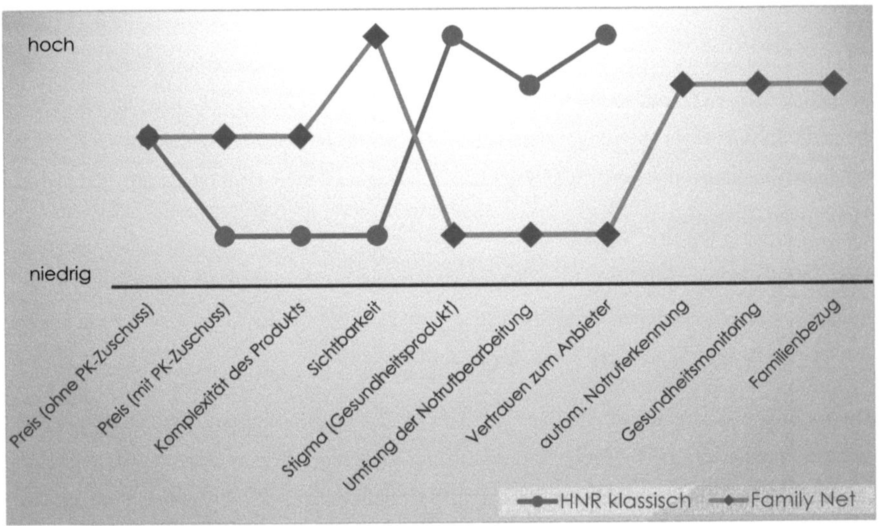

Abbildung 25: Mögliche Nutzenkurve für *FamilyNet* im Vgl. zu Hausnotruf-Systemen

391 Vgl. Kim et al. 2005: S. 35 ff.

Die Nutzenkurve in Abbildung 25 vergleicht den klassischen Hausnotruf, so wie er von den meisten Wohlfahrtsverbänden angeboten wird, mit einer möglichen Konzeption von *FamilyNet* anhand von zehn Kriterien. Es ist deutlich ersichtlich, dass sich die beiden Kurven in ihrem Verlauf stark unterscheiden. Damit wurde die Anforderung erfüllt, dass sich Produkte für den blauen Ozean deutlich von Produkten des roten Ozeans differenzieren müssen. Anhand des ERSK-Quadrats[392] wurden einige Aspekte des klassischen Hausnotrufs auf ein Minimum reduziert, andere gesteigert und drei Merkmale hinzugefügt, die beim klassischen Hausnotruf nicht auftauchen.

Beim **Preis** der Produkte muss zwischen dem Preis für Endkunden, die einen Zuschuss von der Pflegeversicherung bekommen können, und dem Preis für Endkunden, die nicht zuschussfähig sind, differenziert werden. Da im Vorfeld nicht zu klären war, ob *FamilyNet* als zuschussfähiges Produkt von den Pflegekassen anerkannt wird, wurde die pessimistische Annahme getroffen, dass *FamilyNet* grundsätzlich nicht zuschussfähig ist. Ein möglicher Grund hierfür könnte es sein, dass keine Hausnotruf-Zentrale eingebunden ist.[393]

Die Kosten für einen Kunden, der nicht zuschussfähig ist, weil ihm keine Pflegestufe zugeteilt wurde, fallen bei beiden Produkte in etwa gleich hoch aus. Beim Preis unter Berücksichtigung des Zuschusses muss ein zuschussfähiger Kunde für *FamilyNet* deutlich mehr bezahlen, da der Zuschuss in der Regel die Kosten für den Hausnotruf weitestgehend abdeckt.[394] In diesem Fall kann *FamilyNet* preislich nicht mit Hausnotruf-Systemen konkurrieren.

Die **Produktkomplexität** als nächstes Kriterium ist recht schwer zu beurteilen. Gemeint ist hiermit nicht die Komplexität in der Bedienung, die bei *FamilyNet* sehr niedrig ausfallen würde, sondern vielmehr die Gesamtkomplexität. Durch die Berechnung der Parameter ist diese bei *FamilyNet* wesentlich höher als beim Hausnotruf, der nur über Knopfdruck einen Alarm auslösen kann, über keine weitere Intelligenz verfügt und keine Berechnungsalgorithmen verwendet.

Das Kriterium der **Sichtbarkeit** schließt auch die optische Gestaltung des Produkts mit ein. So zeichnen sich Notrufprodukte entweder durch ihre Unsichtbarkeit oder zumindest durch eine

392 Siehe hierzu Kapitel 2.2.4.

393 Der Spitzenverband der Gesetzlichen Krankenversicherungen führt ein Verzeichnis über zuschussfähige Hilfsmittel. Darin befindet sich die Kategorie „Notrufsysteme" mit der Unterkategorie „Hausnotruf-Systeme, angeschlossen an Zentrale", in der zahlreiche Produkte gelistet werden. Eine zweite Unterkategorie wird mit „nicht besetzt" ausgezeichnet. Dort sind aber dennoch vier Produkte zu finden, die offenbar nicht mit einer angeschlossenen Zentrale arbeiten. Evtl. könnte FamilyNet hier aufgenommen werden. Vgl. GKV Spitzenverband. [Online im Internet].

394 Siehe hierzu bspw.: Huber [Online im Internet].

ansprechende, unauffällige Optik aus. Im Falle des Hausnotrufs sind die als Armband gestalteten Produkte sichtbar und optisch nicht immer sehr ansprechend. Die ebenfalls verfügbaren Alarmknöpfe in Form eines Umhänge-Amuletts sind bei angezogener Kleidung weniger sichtbar. Im Gegensatz dazu kann *FamilyNet* komplett unsichtbar benutzt werden.

Der Hausnotruf ist als typisches Produkt des Gesundheitswesens stark **stigmatisierend**. Hierzu trägt die wenig ansprechende optische Gestaltung genauso bei wie die Marketing-Aktivitäten und der Vertrieb über die Wohlfahrtsverbände, welche eine starke Assoziation mit dem Rettungswesen hervorrufen. Diese wird ferner bestärkt durch die Anerkennung des Produkts durch die Pflegeversicherung als ein Artikel, der für Menschen mit zugeteilter Pflegestufe zuschussfähig ist. *FamilyNet* hat hier die Chance, sich deutlich abzugrenzen und eine Stigmatisierung von vornherein konsequent zu vermeiden.

Die **Notrufbearbeitung** umfasst die Aktionen, nachdem der Notruf ausgelöst wurde. Bei klassischen Hausnotruf-Systemen wird automatisch eine rund um die Uhr besetzte Zentrale angerufen, die über eine Gegensprechanlage Kontakt zum Notrufauslöser aufnimmt. Je nach Vereinbarung übernimmt die Hausnotruf-Zentrale die Alarmierung der Verwandten oder der Rettungsdienste (Feuerwehr und Notfallrettung). Bei diesem Aspekt handelt es sich um eine kostenintensive Funktionalität, die dem Kunden letztlich nur einen geringen Nutzen bietet. Denn die Mitarbeiter in der Hausnotruf-Zentrale kennen den Anrufer im Gegensatz zu den Angehörigen nicht persönlich und können deshalb nur schwer einschätzen, wie ihm am besten geholfen werden kann. Wie die Stiftung Warentest feststellte, ist gerade die Notrufbearbeitung durch die Hausnotruf-Zentrale, mit der die Anbieter besonders werben, mangelhaft.[395] Wenn der Notfall letztlich an die Verwandten oder die Rettungsdienste weitergeleitet wird, spricht nichts dagegen, dies direkt, also ohne Einbindung einer speziellen Zentrale, zu tun und somit die erheblichen Personalkosten einzusparen. Diese Strategie verfolgt *FamilyNet*. Wichtig ist allerdings, dass der Gestürzte eine Rückmeldung bekommt, welche die Auslösung des Notrufs und die Verständigung der Verwandten signalisiert. Ansonsten könnte die Hilflosigkeit als sehr dramatisch erlebt werden.

Das **Vertrauen** zum Anbieter ist bei einem Start-up-Unternehmen ohne eine bekannte Marke wesentlich geringer als bei den renommierten Wohlfahrtsverbänden. Der niedrige Wert für das Vertrauen in den Anbieter von *FamilyNet* ist daher keine absichtliche Reduzierung des Merk-

[395] Vgl. Stiftung Warentest 2011.

mals, sondern ein unumgänglicher Umstand, der einkalkuliert werden muss. Eine Vertrauenssteigerung kann nur im Laufe der Zeit aufgebaut werden, indem sich aktiv um ein positives Nutzenerlebnis und gute Weiterempfehlungen bemüht wird.

Mit der **automatischen Notruferkennung** bietet *FamilyNet* eine Funktion, welche die Sicherheit über das vom Hausnotruf bekannte Maß hinaus erhöht. Eine automatische Notruferkennung ist im Konzept des Hausnotrufs nicht vorgesehen und auf dessen technologischer Basis nicht umsetzbar. Unter Einbeziehung von Notfällen, die mit Bewusstlosigkeit, Aphasie (Sprachlosigkeit) oder einer Parese (Schwächung/Lähmung) einhergehen, verspricht *FamilyNet* eine höhere Erkennungsquote und ist den gängigen Hausnotruf-Systemen in der gebotenen Sicherheit dahingehend überlegen.

Neben den Notruffunktionen legt *FamilyNet* den Schwerpunkt v.a. auf die Berechnung und das **Monitoring** des Sturzrisikos, der Aktivität und des Wohlbefindens des Unterstützungsbedürftigen. Während Hausnotruf-Systeme ihren Fokus auf Notfälle bereits im Namen tragen, akzentuiert *FamilyNet* die kontinuierliche Beurteilung der Gesundheit. Die Ausrichtung auf den Erhalt der Gesundheit ist wesentlich positiver und weniger stigmatisierend als die Fokussierung auf Notfälle.

Da *FamilyNet* nicht obligatorisch mit einer Notrufzentrale kooperiert, werden keine unbekannten Personen in den Prozess eingebunden. Dies schafft Vertrautheit und die Möglichkeit, den **Familienbezug** hervorzuheben. Der gegenwärtige Arbeitstitel *FamilyNet* akzentuiert bereits den integrativen Produktcharakter, indem er eine bessere Vernetzung der Familie andeutet. Problematisch ist die Bezeichnung indes vor dem Hintergrund, dass die Fachliteratur sowie die durchgeführte Online-Befragung belegte, dass ein relevanter Anteil der Betreuer nicht der Familie des Seniors angehört und sich dadurch ggf. nicht adressiert fühlen könnte. Damit würde die Zielgruppe unnötigerweise verengt.

5.5.2 Interpretation

Die entworfene Nutzenkurve zeigt, dass *FamilyNet* über entsprechendes Potenzial verfügt, sich vom gegenwärtigen Markt klar abzugrenzen und in einen blauen Ozean vorzudringen, sofern eine klar differenzierte Ausrichtung verfolgt wird. Die Tatsache, dass *FamilyNet* in manchen Aspekten nicht in der Lage ist mit dem derzeitigen Angebot im Markt zu konkurrieren, darf in diesem Kontext nicht als Problem verstanden werden. Das Auftreten als unbekanntes Unternehmen bringt zahlreiche Freiheitsgrade mit sich, die nicht zwangsläufig als nachteilig zu verstehen sind, sondern die Möglichkeit der Schaffung innovativer Alleinstellungsmerkmale bieten.

Das fehlende Vertrauen in ein Start-up-Unternehmen im Vergleich zu den großen, renommierten Wohlfahrtsverbänden kann sich zum Vorteil entwickeln, wenn durch das neue Unternehmen die stigmatisierende Assoziation mit dem Rettungswesen vermieden wird. Der Verzicht auf die Einbindung einer Notrufzentrale spart Kosten und ermöglicht die Betonung des Familienbezugs. Die Funktionen zum Gesundheitsmonitoring erlauben eine positive Ausrichtung auf das Wohlbefinden anstatt auf Notfälle.

Die Produktpositionierung darf allerdings nicht nur auf Basis theoretischer Überlegungen anhand der Nutzenkurve festgelegt werden, sondern muss sich auch an den Kundenwünschen orientieren. Diese wurden in der empirischen Untersuchung ermittelt und stehen teilweise in Widerspruch zu der abgrenzenden Gestaltung der Nutzenkurve.

Die Befragten befürworteten mehrheitlich die Einbindung einer Notrufzentrale und betrachteten deren Existenz auch als entscheidenden Aspekt für die Preisbereitschaft. Ferner könnte die Einbindung einer Notrufzentrale ein notwendiges Kriterium für die Zuschussfähigkeit von *FamilyNet* durch die Pflegekassen darstellen. Diese Argumente sprächen also für die Einbindung einer Notrufzentrale. Konträr dazu zeigten andere Studien, dass 69 % der Hausnotruf-Kunden mit zugeteilter Pflegestufe trotz ihres bestehenden Anspruchs keinen Zuschuss von den Pflegekassen beziehen.[396] Außerdem sahen sich die Angehörigen durchaus als primären Empfänger von Notrufen und betrachteten die Notrufzentrale nur als Fallback-Lösung. In diesem Zusammenhang ist zu prüfen, ob die hoheitlich tätigen Rettungsleitstellen rechtlich als alternative Fallback-Lösung genutzt werden können bzw. welche anderen Alternativen verfügbar sind und inwiefern diese von den Angehörigen akzeptiert werden.[397] Obwohl die Einbindung einer Notrufzentrale dem Wunsch der Kunden entspricht, ist deren Betrieb kostenintensiv und generiert

---

[396] Vgl. aproxima GmbH et al. 2010: S. 29 [Online im Internet].

[397] Das Herstellen einer Notrufverbindung zu hoheitlich tätigen Rettungsleitstellen „ohne unmittelbares Tätigwerden eines Menschen" ist laut §4, Abs. 6 der Verordnung über Notrufverbindungen unzulässig (Bundesministerium der Justiz und für Verbraucherschutz 6. März 2009). Alternativ könnte die Rufnummer 19222, die in den regionalen Rettungsleitstellen aufläuft, genutzt werden. Da z.B. an die Leitstelle des DRK ein standardisiertes Notruf-Fax übermittelt werden kann (Vgl. Deutsches Rotes Kreuz Kreisverband Karlsruhe e.V. [Online im Internet]), wäre auch das Abspielen einer Standard-Nachricht denkbar. Weitere Alternativen könnten Polizei-Reviere, Pflegedienste oder Pflegeheime mit rund um die Uhr besetzten Leitstellen sein.

nur einen geringen Mehrnutzen. Außerdem fiele durch die Einbindung einer Notrufzentrale ein Differenzierungsmerkmal weg.

Ein weiteres Dilemma ergibt sich bei den Vertriebsorten. Die Angehörigen brachten in der Befragung deutlich zum Ausdruck, dass sie die typischen Institutionen des Gesundheitswesens bevorzugen, die mit Vertrauen verknüpft werden. Gleichzeitig dürften diese Einrichtungen aber auch eine starke Assoziierung mit Krankheit und Einschränkungen aufweisen und somit stigmatisierend wirken. Um den negativen Charme eines Produktes für Alte und Kranke zu umgehen, wäre es daher vorteilhaft, die einschlägigen Vertriebsorte nicht primär zu nutzen. Es stellt sich die Frage, ob sich die Angehörigen alternativen Vertriebsorte tatsächlich verweigern würden, wenn sie von deren Existenz wüssten. In der Schuhbranche hat der Versandhändler Zalando bspw. eindrucksvoll bewiesen, dass eine gut durchdachte Strategie den für den Schuhhandel bis dato als untauglich erachteten Online-Vertriebskanal massenwirksam eröffnen kann.[398]

Auch im Zusammenhang mit der Notruffunktionalität entspricht die Meinung der befragten Angehörigen nicht unbedingt der angestrebten Positionierung. Die betreuenden Angehörigen erachteten die Notruffunktionen als am wichtigsten, obwohl *FamilyNet* ursprünglich als ein Produkt für präventives Gesundheitsmonitoring entwickelt wurde. Auf dem reinen Markt für Notrufprodukte sind die klassischen Hausnotruf-Systeme indes derart etabliert, dass eine direkte Konkurrenzsituation nicht besonders aussichtsreich ist.

5.6 Entwurf einer Zwei-Marken-Strategie

Zur Auflösung der in Kapitel 5.5 dargelegten Dilemmata könnte eine Zwei-Marken-Strategie genutzt werden, die das gleiche Produkt auf zwei unterschiedliche Arten auf dem Markt platziert und bewirbt.

Tabelle 10 zeigt die Merkmale der beiden unterschiedlich vermarkteten Versionen von *FamilyNet*. Das Gesundheitsprodukt würde sich schwächer von den konventionellen Hausnotruf-Systemen abgrenzen als die Lifestyle-Version. Dies zeigt sich bspw. durch die Einbindung einer Notrufzentrale beim Gesundheitsprodukt, die dem Wunsch der Befragten in der Online-Untersuchung entspricht und sicherstellen soll, dass dieses als zuschussfähig von den Pflegekassen

---

[398] Seidel [Online im Internet].

anerkannt wird. Dadurch können Personen mit zugeteilter Pflegestufe einen Großteil der Kosten einsparen. Für Personen ohne Pflegestufe ist eine Bezuschussung ohnehin unmöglich, sodass im Lifestyle-Produkt keine Notrufzentrale eingebunden werden muss.

	Gesundheitsprodukt	**Lifestyle-Version**
Notrufzentrale	Ja	Nein
Bezuschussung	Ja	Nein
Adressaten	Personen mit Pflegestufe	Personen ohne Pflegestufe
Vertriebsorte	• Wohlfahrtsverbände • Sanitätshaus • Krankenkasse	• Direktvertrieb • online • Schuhhandel
Anwender	• Senioren • Menschen mit Beeinträchtigungen	• Senioren • Menschen mit Beeinträchtigungen • Sportler • Personen, die sich allein in abgelegener Umgebung aufhalten
Alarm außer Haus	Nein	Ja
Schuh-Typ	gewöhnlich, orthopädisch	funktional, schick
Branche	Gesundheit	Schuhe

Tabelle 10: Entwurf einer Zwei-Marken-Strategie für *FamilyNet*

Damit würde eine Unterteilung der Zielgruppe in rüstigere Senioren ohne Pflegestufe und weniger rüstige Senioren mit Pflegestufe einhergehen. In den Experteninterviews und in der Literatur wird vielfach darauf hingewiesen, dass es innerhalb der älteren Generationen sehr unterschiedliche Lebensstile, Technologieeinstellungen und Gesundheitszustände gibt. Die Angehörigen stellen ebenfalls eine sehr heterogene Zielgruppe dar. Diese Heterogenität sollte berücksichtigt und flexible, kostendifferenzierte Angebote mit unterschiedlicher Leistungsbreite bereitgestellt werden.[399] Diese Anforderung kann mittels einer Zwei-Marken-Strategie besser erfüllt werden.

Bei den Vertriebsorten wird das Gesundheitsprodukt dem Wunsch nach Vertrautheit gerecht, indem es auf Institutionen des Gesundheitswesens setzt. Die Baden-Ambulanz 42 gGmbH kann als Vertriebspartner den entsprechenden Vertrauensvorsprung und guten Zugang zu potenziellen Kunden nutzen. Das Lifestyle-Produkt wird direkt über den Hersteller, auch über den On-

399 Vgl. Meyer et al. 2010b: S. 123 ff.

line-Kanal, und im Schuhhandel vertrieben und vermeidet somit die stigmatisierende Assoziation mit dem Gesundheitswesen.

Die Anwender für beide Produktvariationen stellen in erster Linie Senioren und Menschen mit gesundheitlichen Beeinträchtigungen dar. Die Lifestyle-Version als *intelligenter Schuh* ist darüber hinaus für weitere Anwenderkreise quer durch die Gesellschaft wie z.B. Sportler oder Personen, die sich länger alleine in abgelegenen Umgebungen aufhalten, geeignet. Entsprechend ist eine Alarmfunktion auch weit entfernt von der häuslichen Umgebung unbedingt vonnöten. Für das Gesundheitsprodukt ist dies i.d.R. nicht notwendig, da sich die pflegebedürftigen Senioren ohne Begleitung nur selten außer Haus aufhalten. Daher könnte sich das Produkt in diesem Aspekt auch technisch unterscheiden.

Für die Unterbringung des Gesundheitsprodukts *FamilyNet* bieten sich seniorengerechte und orthopädische Schuhe an, sodass alleine durch den Schuhtyp eine besondere Eignung und Nutzen für Senioren besteht. Das Lifestyle-Produkt hingegen kann in funktionalen und optisch ansprechenden Schuhen untergebracht werden, die im gewöhnlichen Schuhhandel zu finden sind.

Als Ergebnis dieser Aspekte würde die erste Produktvariante mit der Gesundheitsbranche und die Lifestyle-Version mit dem Schuhhandel assoziiert werden.

5.7 Kooperative Geschäftsmodelle

Grundsätzlich bieten sich für den Vertrieb zahlreiche denkbare Strukturen und Modelle an. Zum einen gibt es konventionelle Institutionen innerhalb der Medizin und der Pflege, die sich als potenzielle Vertriebskanäle anbieten, wie z.B. Apotheken, Sanitätshäuser oder Krankenkassen. Daneben kommen aber auch Kooperationspartner aus ganz anderen Branchen in Betracht, wie z.B. die Wohnungswirtschaft oder die Haushaltsgeräteindustrie.[400] Im konkreten Fall bietet sich als nicht-medizinischer Kooperationspartner die Schuhindustrie an. Hier gibt es Anbieter, die sich auf die Bedürfnisse von Senioren spezialisiert haben[401] und am Vertrieb eines intelligenten Hausschuhs auch ein berechtigtes, eigenes Interesse haben könnten.

---

[400] Vgl. Wessig 2011: S. 80 f.

[401] Bei einer Online-Recherche finden sich in den Sortimenten bekannter Schuhhändler eigene Rubriken mit Schuhen, die speziell für Senioren zugeschnitten sind (z.B. http://www.hausschuhexperte.de/Hausschuhe-fuer-Senioren.html). Daneben gibt es auch Anbieter, die sich auf Reha-Schuhe oder Orthopädie-Produkte spezialisiert haben.

Wenn *FamilyNet* zusammen mit einem seniorengerechten Schuh verkauft würde, dann sähen sowohl die Senioren als auch die Angehörigen einen Sinn in der Anschaffung des neuen Produkts. Eine Anzeige im Schuhladen mit dem Werbetitel *intelligenter Schuh* könnte auch das Interesse von zufällig einkaufenden Angehörigen wecken und so den Bekanntheitsgrad des Schuhs erhöhen. Wie in der Betrachtung der Konkurrenzprodukte beschrieben, gibt es in der Schuhindustrie bereits gewisse Bestrebungen, intelligente Schuhe, die Technik beinhalten und sich von konventionellen Schuhen abgrenzen, zu entwickeln. Ein seniorengerecht gestalteter Schuh mit einer eigenen Intelligenz, die den Angehörigen nutzt, könnte für die Schuhindustrie, die derzeit unter einem starken Preiskampf[402] sowie zunehmender Konkurrenz durch Online-Händler und Mode-Geschäfte[403] leidet, eine willkommene Innovation mit einem eindeutigen Alleinstellungsmerkmal darstellen. Ein solcher Schuh würde die negative Assoziierung mit dem Gesundheitswesen auflösen, attraktive Vertriebschancen über den Schuhfachhandel bieten und sowohl dem Senior als auch den Angehörigen nutzen.

Die Suche nach Kooperationspartnern aus anderen Branchen scheint im AAL-Markt grundsätzlich sinnvoll zu sein. Eine Analyse der gegenwärtigen Geschäftsmodelle im AAL-Bereich zeigt, dass dort v.a. spezialisierte Leistungserbringer agieren. Gersch et al. (2012b) identifizieren allerdings den „Typus des Orchestrators“[404] als systematisch notwendigen und wichtigen Treiber für Innovationen im Bereich von AAL. Die Autoren gehen davon aus, dass erfolgreiche Innovationen häufig das Resultat eines koordinierten, marktorientierten Vorgehens verschiedener Akteure darstellen. Durch die Abstimmung der einzelnen Geschäftssysteme verändern Orchestratoren die Wertschöpfungsarchitekturen.[405] Sie identifizieren die auf dem jeweiligen Gebiet besten Akteure und initiieren sowie koordinieren deren gemeinsame Geschäftstätigkeit.[406]

Die zentrale Idee hinter dem Geschäftsmodell des Orchestrators stellt das Angebot eines umfassenden Gesamtleistungspakets anstatt einzelner, nicht integrierter Dienste dar. Da *FamilyNet* eine in der Wohnung installierte Komponente zur Datenübertragung benötigt, erscheint die Zusammenarbeit mit der Wohnungswirtschaft sinnvoll. Inzwischen müssen in den meisten Bundesländern sämtliche Wohnungen mit Rauchmeldern ausgestattet werden.[407] Diese stören weder optisch noch funktional, befinden sich in beinahe jedem Raum und werden von den Bewohnern

402 Vgl. WELT KOMPAKT [Online im Internet].
403 Vgl. dynamic technologies GmbH [Online im Internet].
404 Gersch et al. 2012b: S. 281.
405 Vgl. Liesenfeld et al. 2012: S. 281.
406 Vgl. Gersch et al. 2012a: S. 3 ff.
407 Vgl. Saurer [Online im Internet].

akzeptiert. Damit eignen sich Rauchmelder sehr gut für die Unterbringung von Sensoren oder Funkkomponenten. Intelligente Rauchmelder, die miteinander oder mit anderen Geräten kommunizieren, ermöglichen zahlreiche neue Geschäftsmodelle. So könnte bspw. *FamilyNet* um weitere statische Sensoren erweitert werden, um eine höhere Sicherheit zu gewährleisten.

Es ist im weiteren Verlauf genau zu prüfen, welche Kooperationen mit Vertretern aus den unterschiedlichsten Branchen neue Wertschöpfungsketten und Synergieeffekte erzielen können. Denn laut der Blue Ocean-Strategie benötigen manche Produkteigenschaften noch geringfügige Zusätze, damit sie zu echten Nutzenwerten für die Kunden werden und widerspruchsfreie Strategien formen.[408]

5.8 Marketing

5.8.1 Anwendung des Universal Design

Das bereits eingangs beschriebene Konzept des Universal Design stellt einen geeigneten Lösungsansatz dar, um Stigmatisierung zu vermeiden und den Ansprüchen von Angehörigen und Senioren gerecht zu werden. Meyer et al. (2010b) empfiehlt, dass die potenziellen Kunden nicht als „Problemfälle“[409], für die spezielle Lösungen entwickelt wurden, adressiert werden sollten. Eine solche Adressierung ist in Japan und Europa bereits gescheitert. Stattdessen kann die Entwicklung eines AAL-Lifestyles, z.B. durch optisch ansprechende Produkte, die Akzeptanz derselben erhöhen.[410]

Eine adäquate Kommunikation des Nutzens von AAL-Produkten kann gewährleistet werden, wenn der Fokus bei der Entwicklung und Außendarstellung auf Bedürfnisse und Wünsche anstatt auf die Schwächen der Senioren gelegt wird.[411] In diesem Punkt kann eine weitere Unterscheidung zu konventionellen Hausnotruf-Systemen getroffen werden, die durch die Fokussierung auf Notfälle und die Gestaltung des Funkfingers eher stigmatisierend wirken. Grundsätzlich wird Design im Gegensatz zur Funktionalität zunehmend als ein Aspekt aufgefasst, bei dem Produkte nicht so stark konvergieren, sondern Differenzierungsspielraum bieten.[412]

---

408 Vgl. Kim et al. 2005: S. 39.
409 Meyer et al. 2010b: S. 131.
410 Vgl. Meyer et al. 2010b: S. 123 ff.
411 Vgl. Friesdorf et al. 2007: S. 118.
412 Vgl. Gaubinger et al. 2009: S. 11 Siehe hierzu auch: Bundesministerium für Familie, Senioren, Frauen und Jugend März 2010: S. 26.

Dies stellt v.a. im Gesundheitsmarkt eine interessante Chance dar, denn Gesundheitsprodukte sind zunehmend undifferenziert und Kaufentscheidungen werden schlicht auf Basis des Preises getroffen. Es besteht der Bedarf und zugleich die Chance, mittels einer neuartigen Marketing-Strategie, die auf Erfahrung, Preis und Qualitätstransparenz basiert, den mehr und mehr durch undifferenzierte Produkte und Preiskampf gekennzeichneten roten Ozean zu verlassen. Marketing-Innovationen können hier helfen, um den Einstieg in einen blauen Ozean zu finden und eine Marktdominanz gegenüber den trägen Institutionen mit konventionellen Marketing-Methoden aufzubauen.[413]

5.8.2 Exempel für den Universal Design-Ansatz

Die Limmex AG setzt bei der Vermarktung ihrer Notfall-Uhren den Universal Design-Ansatz konsequent um und kann als Exempel für dessen Anwendung auf Notfallprodukte dienen. Nachfolgend wird deshalb das Marketing der Notfall-Uhren einem konventionellen Hausnotruf-System gegenübergestellt, um hieran zentrale Elemente des Universal Design aufzuzeigen.

Abbildung 26: Optischer Vergleich Limmex-Uhr vs. konventioneller Hausnotruf-Auslöser[414]

Abbildung 26 zeigt die optischen Unterschiede zwischen einem konventionellen Hausnotruf-Auslöser und einer Variante der Limmex-Uhr. Während die Uhr hochwertig und modern wirkt und sich kaum von üblichen Uhrenmodellen unterscheidet, macht der Hausnotruf-Auslöser eher einen minderwertigen Eindruck und vermittelt keine optische Attraktivität.

Auch bei den ausgewählten Websites[415] in Abbildung 27 zeigen sich die gestalterischen Unterschiede deutlich. Während die Webseite für den Hausnotruf des ASB einen nicht besonders rüstig wirkenden Senior auf altertümlich anmutendem Mobiliar abbildet, verwendet Limmex

[413] Krivich [Online im Internet].

[414] Bildquellen: Bayerisches Rotes Kreuz München [Online im Internet] / Limmex AG [Online im Internet].

[415] Bildquellen: Limmex AG [Online im Internet] / Informationen des Arbeiter-Samariter-Bundes Deutschland e.V. [Online im Internet].

eine moderne, elegante und optisch ansprechende Website, auf welcher verschiedene Personengruppen dargestellt werden.

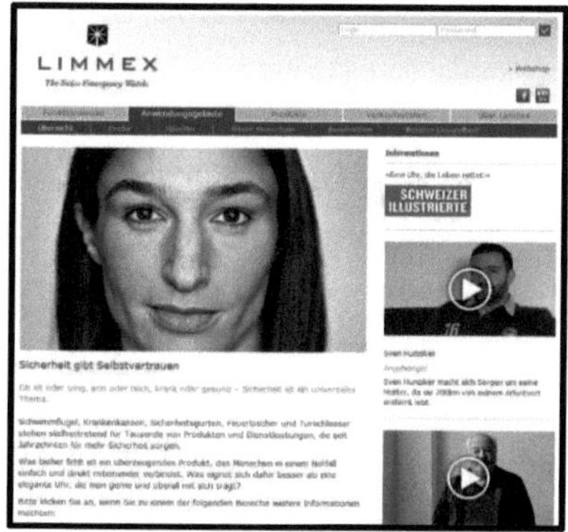

Abbildung 27: Vergleich der Websites der Limmex-Uhr und des ASB-Hausnotrufs

	Notruf-Uhr der Limmex AG	Hausnotruf des ASB
Design Website	schick, modern	schlicht, wenig modern
Design Produkt	schick, modern, elegant, Lifestyle-Produkt, verschiedene Varianten	keine Varianten, kaum optisch ansprechend, wirkt minderwertig
Beschriebene Anwendungsgebiete	• Kinder • Sportler • Ältere Menschen • Berufsleben • Menschen mit gesundheitlichen Problemen	• Senioren
Wortwahl	neutral, wertfrei Bsp.: • „ältere Menschen" • „Menschen mit gesundheitlichen Problemen"	stigmatisierend Bsp.: • „Senioren" • „Behinderte"
Vertriebswege	• online • Juwelier • Wohlfahrtsverbände	• Wohlfahrtsverbände
Notrufzentrale	optional buchbar	obligatorisch
Assoziation mit Gesundheitswesen	gering	hoch
Prinzip	Universal Design	zielgruppenspezifisches Design
Branche	Uhren/Schmuck	Gesundheitswesen

Tabelle 11: Vergleich verwendeter Designansätze: Limmex-Uhr vs. Hausnotruf

Die Gegenüberstellung in Tabelle 11 zeigt, welche unterschiedlichen Gestaltungselemente die Limmex AG im Gegensatz zum ASB verwendet, um das Notfallprodukt zu bewerben und insbesondere wie konsequent die Prinzipien des Universal Design umgesetzt werden. Dabei ist die ansprechende optische Gestaltung nur ein Aspekt, um die Attraktivität zu erhöhen und eine Stigmatisierung zu vermeiden. Die Anwendungsgebiete für die Limmex-Uhr umfassen bei weitem nicht nur Senioren, sondern einen breiten Querschnitt der Gesellschaft. Die Wortwahl adressiert nicht die Defizite der Senioren bzw. ersetzt inzwischen stigmatisierte Begriffe durch neutrale, moderne Bezeichnungen. Passend zu den breit gefächerten Anwendungsgebieten werden verschiedene Vertriebswege abseits des Gesundheitswesens angeboten. Der Vertrieb über Juweliere manifestiert die Zugehörigkeit zur Uhren- bzw. Schmuck-Branche, die einen gänzlich anderen Charme als die Gesundheitsbranche ausstrahlt. Aus einem Produkt für Kranke wird hierdurch ein Lifestyle-Produkt, das jedermann gerne tragen und präsentieren kann, ohne damit negative Gefühle zu verbinden.

5.8.3 Gestaltung von Informationsmaterial

Die folgende Aufstellung liefert einen zusammenfassenden Überblick über gängige Empfehlungen für die seniorengerechte Gestaltung von Informations- und Werbematerial.[416] Einschränkend ist zu ergänzen, dass trotz der Vielzahl der in der Literatur genannten Ratschläge kein einheitlicher Parade-Weg existieren kann, da die Personengruppe der Senioren hierfür zu heterogen ist.[417]

- Vermitteltes Bild vom Produkt:
  - Klare, informative Produktaussagen.
  - Positive Besetzung der Produkte (komfort- anstatt rein defizitorientiert).
  - Verwendung etablierter, Vertrauen schaffender Marken.
- Gestaltung von Werbematerial:
  - Reduzierte, bildhafte Gestaltung mit Fokus auf das Wesentliche.
- Ansprache und Formulierungen:
  - Verwendung von gebräuchlichen Bezeichnungen, die Vereinfachung akzentuieren.

416 Zusammengefasst und teils wörtlich übernommen aus: Rütten 2012: S. 4 und Becker et al. 2012: S. 253 f. und Porsch et al. 2013: S. 85 f. und Bundesministerium für Familie, Senioren, Frauen und Jugend März 2010: S. 40 f. und Wöckl et al. 2011: S. 63 und Claßen et al. 2012: S. 4 und Nitschke et al. 2013: S. 342.

417 Vgl. Rütten 2012: S. 3.

    - Vermeidung von Fremdwörtern, Anglizismen, stigmatisierenden, abstrakten o-der defizitorientierten Begriffen.
    - Ansprache gemäß des „gefühlten Alters“.
- Motivation zur Nutzung durch Probe-Nutzung.
- Empfehlungen für das Beratungsgespräch:
    - Vor-Ort-Termine anbieten.
    - verständlicher und herzlicher Kommunikationsstil.
    - Angebot einer persönlich bekannten, definierten Ansprechperson für Probleme.
- Umgang mit Bedenken:
    - Auf Abbau von Ängsten und Skepsis hinwirken.
    - Mit kritischen Themen wie Finanzierung, Autonomie, Teilhabe oder Datenschutz auseinandersetzen.

Bei all diesen Prinzipien ist die Tatsache zu berücksichtigen, dass das Thema Pflege, Betreuung und Verlust der Autonomie von Bedürftigen und von Betreuern stark emotional behaftet ist[418] und dass rational ausgerichtete Argumentationen daher häufig keinen Anklang finden. Es ist hohe Sorgsamkeit und Sensibilität bei der Wahl der Formulierungen und der Kommunikation mit den pflegenden Angehörigen und den Senioren geboten.

Ferner muss bedacht werden, dass die potenziellen Kunden nicht über Anwendungen und Technologien informiert sind, selbst wenn diese sich bereits seit langer Zeit erfolgreich auf dem Markt befinden.[419] Eine erfolgreiche Kommunikation nimmt die späteren Nutzer mit ihren Bedenken und Präferenzen wahr und versucht, zu erwirken, dass die neue Technologie im Alltag subjektiv als Mehrwert gesehen wird. Beratung im AAL-Kontext stellt nicht das Produkt, sondern den potenziellen Kunden in den Vordergrund und geht individuell auf diesen ein.[420]

Nutzerintegration bietet sich nicht nur bei der Produkterstellung bzw. beim Produkttest, sondern auch bei der Wahl der Marketing-Strategie an. So können Senioren bei der Entwicklung der Produktbezeichnung bzw. -beschreibung oder bei der Wahl des Marketing-Mix involviert werden. Zur Integration eignen sich mündliche Befragungen oder Markttests.[421] Da im Rahmen

[418] Vgl. Hofer 2011: S. 110.
[419] Vgl. Panek et al. 2011: S. 94 und Kramer et al. 2013: S. 559.
[420] Vgl. Nitschke et al. 2013: S. 342 ff.
[421] Vgl. Friesdorf et al. 2007: S. 199.

dieser Master-Thesis v.a. das Produktkonzept getestet wurde, ist eine empirische Untersuchung des Marketing-Mix in weiterführenden Arbeiten sinnvoll.

5.9 Trendbetrachtung

Als Informationsbasis für die Planung der Markteinführung sollte nicht nur der aktuelle Status Quo dienen. Insbesondere vor dem Hintergrund, dass ein vertriebsbereites Produkt bis dato noch nicht zur Verfügung steht, ist eine Betrachtung der zu erwartenden Trends im AAL-Markt wichtig.

Wie in Kapitel 2.1.2 beschrieben, stehen Deutschland massive, demografische Veränderungen bevor, wenn v.a. in den kommenden Jahren die geburtenreichen Nachkriegsjahrgänge ins Rentenalter eintreten. Daher ist grundsätzlich mit einem zahlenmäßigen Wachstum der Zielgruppe und einem erhöhten Bedarf nach neuen, effizienteren Formen der Unterstützung zu rechnen. Wie in der ökonomischen Betrachtung dargelegt, bleibt es allerdings fraglich, ob dies zu einer Erhöhung des Nachfragepotenzials führt, da mit einer gleichzeitig abnehmenden Kaufkraft der Senioren zu rechnen ist.[422]

Neben den quantitativen Prognosen zur Anzahl der künftigen Unterstützungsbedürftigen, deren Unterstützern und der zur Verfügung stehenden Kaufkraft könnte die entscheidendste Entwicklung darin bestehen, dass künftige Senioren-Generationen Neuerungen offener begegnen und generell konsumfreudiger sind. Zudem haben sie bereits mehr Erfahrungen mit modernen Technologien. Reflektiert wird diese Tendenz u.a. durch die Aussagen einiger Experten, die sich in höherem Alter die Nutzung von *FamilyNet* als Unterstützungsbedürftiger durchaus vorstellen können.

Die Konkurrenzsituation in dem neuen blauen Ozean ist schwer zu prognostizieren. Wie in der Konkurrenzanalyse gezeigt wurde, entwickeln sich inzwischen viele Produkte in eine ähnliche Richtung und versuchen, den neuen Ozean für sich zu gewinnen. Bei der Markteinführung von *FamilyNet* ist aus dieser Hinsicht durchaus Eile geboten, damit der identifizierte blaue Ozean sich nicht bereits rot verfärbt, noch bevor der Sprung hinein überhaupt gelungen ist.

---

422 Vgl. hierzu Kapitel 3.3.

6 Schlussbetrachtung und Ausblick

Das zentrale Ziel dieser Arbeit war die Durchführung einer Studie, um die Marktakzeptanz der Invention *FamilyNet* zu evaluieren und zu optimieren. Dies erforderte in erster Linie eine umfassende Kenntnis des gegenwärtigen Status Quo auf dem AAL-Markt und insbesondere der vorherrschenden Innovationsbarrieren. Aus theoretischer Hinsicht erwies sich die Strukturierung und Konsolidierung der zahlreichen Publikationen als herausfordernd. Die geringe Reife des AAL-Markts zeigte sich in der Pluralität von Definitionen, Klassifikationen und teils kontroversen Einschätzungen. Die Literatur im betriebswirtschaftlichen Umfeld beschäftigte sich nur wenig mit der Markteinführung von Gesundheitsprodukten mit den beschränkten Ressourcen eines Start-up-Unternehmens.

Aufgrund des innovativen Charakters des Produktes wäre eine rein literaturbasierte Analyse der Marktakzeptanz unzureichend gewesen. Als grundlegendes Prinzip der empirischen Forschung wurde der Mixed-Method-Ansatz gewählt. Dementsprechend kam mit den Experteninterviews ein qualitatives Verfahren zum Einsatz, das eine wichtige Vorarbeit für die nachfolgende quantitative Online-Befragung darstellte. Während in den qualitativen Interviews Senioren, betreuende Angehörige und Vertreter des Gesundheitswesens befragt wurden, erschien es auf Basis der gewonnenen Erkenntnisse zweckgemäß, die Online-Befragung nur noch an die Unterstützer der Senioren zu richten. Die empirische Untersuchung brachte letztlich zahlreiche Erkenntnisse hervor, die sich teils mit der Literaturmeinung deckten, aber teils auch abweichend oder neuartig waren. Das methodische Vorgehen schuf dabei ein lohnenswertes Exempel für Arbeiten im Rahmen ähnlicher Markteinführungen.

Zu guter Letzt wurden literaturbasierte und empirische Erkenntnisse zusammengeführt, um konkrete Handlungsempfehlungen hinsichtlich der Produktkonzeption, der strategischen Positionierung und der künftigen Marketingaktivitäten abzuleiten. Hierbei wurden insbesondere die Blue Ocean-Strategie und der Universal Design-Ansatz angewandt. Am Ende dieses Vorgehens entstand eine Fülle von Empfehlungen und Ansätzen zur Verbesserung der Marktakzeptanz des Produkts.

Obwohl auf diese Art und Weise zahlreiche Informationen erlangt, zusammengeführt und interpretiert wurden, ist es kaum möglich, eine zuverlässige Prognose über den Markterfolg von *FamilyNet* abzugeben. Die Befragungen zeigten, dass die grundsätzliche Produktidee auf Interesse und Zustimmung stößt. Eine Weiterverfolgung der Produktidee scheint auf Basis der gewonnenen Erkenntnisse sinnvoll zu sein. Der konkrete Markterfolg wird aber von zahlreichen Faktoren abhängen, die nicht exakt bestimmt und vorhergesagt werden können. Insbesondere bleibt fraglich, ob sich die Senioren von *FamilyNet* überzeugen lassen und inwiefern die Bedenken von Vertretern des Gesundheitswesens und der Angehörigen ausgeräumt werden können.

Dokumentierte Erfahrungswerte im AAL-Markt zeigen, dass eine technologisch ausgefallene Invention keineswegs automatisch zu einer erfolgreichen Innovation wird. Bis zur erfolgreichen Platzierung, Adoption und Diffusion von *FamilyNet* wird sicher noch einige Zeit vergehen. Die gewonnenen Erkenntnisse und die zu erwartende demografische und gesellschaftliche Entwicklung in Deutschland lassen indes eine zuversichtliche Prognose der Marktchancen zu, wenn es gelingt, die Invention mittels adäquater, innovativer Marketing-Konzepte in eine Innovation zu transformieren.

Im Rahmen dieser Forschungsarbeit wurden zahlreiche Ansätze identifiziert, um die Erfolgschancen von *FamilyNet* zu erhöhen. Diese Ansätze bezogen sich letztlich nicht nur auf marketingstrategische Aspekte, sondern auch auf die Produktkonzeption. Während den Forschungsaktivitäten wurden immer wieder Freiheitsgrade in der Gestaltung des Produkts eröffnet, um dieses den Anforderungen der potenziellen Kunden besser anzupassen. So entstand ein iterativer Prozess aus Erhebung der Kundenanforderungen und Konkretisierung der Produktkonzeption. Dieser erschwerte die exakte Formulierung der Marketing- und Vertriebsplanung.

Zum Ende der Forschungsarbeit bestanden noch offene Fragen technologischer, organisatorischer und rechtlicher Natur. Teilweise war die technische Umsetzung einiger Funktionen von *FamilyNet* noch nicht abschließend geklärt. Ferner wird in der Zukunft zu ermitteln sein, welche Merkmale *FamilyNet* aufweisen muss, um von den Pflegekassen bezuschusst zu werden, und welche Notrufnummern automatisch ohne menschliches Zutun alarmiert werden können. Darüber hinaus gilt es zu prüfen, welche Unternehmen an Kooperationen interessiert sind und wie sich daraus eine sinnvolle Zusammenarbeit entwickeln kann. Die Klärung dieser Aspekte beeinflusst die Marktchancen mitunter erheblich und wirkt sich auf die Wahl einer geeigneten Positionierung aus. Zum gegenwärtigen Zeitpunkt sind diese Fragestellungen allerdings nicht abschließend beantwortet.

Aus den genannten ausstehenden Tätigkeiten ergeben sich Ansätze für weiterführende Arbeiten. Im Rahmen der empirischen Forschung erscheint es sinnvoll, das fertiggestellte und entwickelte Produkt in einer Marktforschungsstudie zu testen. Hier können dann auch gestalterische Konzepte, der Produkttitel oder das konkret ausgestaltete Marketing-Konzept abschließend evaluiert werden. In einem Feldtest mit Senioren wird zu prüfen sein, wie diese mit dem Produkt zurechtkommen und ob *FamilyNet* in der praktischen Anwendung zuverlässig funktioniert.

Aufgrund der beschriebenen ungeklärten Fragen und der begrenzten Zeit zur Durchführung der Studie konnten nur einige Elemente strategischer Modelle angewendet werden. In weiteren Studien könnten die in dieser Arbeit erworbenen empirischen Erkenntnisse genutzt werden, um durch die Anwendung verschiedener strategischer Modelle weitere zielführende Ansätze zu identifizieren, die Handlungsempfehlungen zu konkretisieren und letztlich bspw. in Form von Produktdesigns umzusetzen.

Daneben wird die aufmerksame Beobachtung des AAL-Markts und der dortigen Konkurrenzsituation von großer Bedeutung sein. Letztlich wird der Markterfolg von *FamilyNet* auch davon abhängen, wie schnell das Produkt vertriebsreif ist und wie sich der Markt bis zu diesem Zeitpunkt entwickelt hat. *FamilyNet* bleibt demnach ein spannendes und lohnenswertes Untersuchungsobjekt für weitere Forschungsarbeiten.

Anhang

Anlage A Leitfaden-Fragebogen an Angehörige

Fragen an Angehörige

Es gibt keine richtigen oder falschen Antworten, sondern es geht darum, Ihre Meinung und Einschätzungen zu gewissen Themen zu hören.

1 Zur Lebenssituation des Betroffenen (Senior)

Wie sieht der gewöhnliche **Tagesablauf** des Betroffenen aus?

Wie oft und wie lange ist er **außer Haus** unterwegs?

Wie gut kommt der Senior **alleine** zurecht? Womit hat er **Probleme**? Was sind seine größten **Herausforderungen** in seinem Alltag?

Ist der Senior schon einmal **gestürzt**?

Wie hat er sich aus der Situation **geholfen** (aufstehen/Hilferuf/gefunden worden)?
Was waren die **Folgen** des Sturzes?
Welche **Unterstützungen** könnten Sie sich vorstellen, um Stürze oder deren Folgen künftig zu **verhindern**?
Wie beurteilen Sie die Wohnung hinsichtlich **Stolperfallen**?

Was schätzen Sie, wie lange Ihr Senior noch **ohne tägliche (professionelle) Betreuung** in den eigenen vier Wänden bleiben kann?

Was könnte dann eine **Alternative** sein?

Wie regelmäßig pflegen Sie **Kontakt** zu Ihrem Senior? Wer kümmert sich sonst noch um den Senior?

2 Hausschuhe

Trägt Ihr Senior Hausschuhe?

Falls ja:

Wie häufig **wechselt** er die (Haus-)Schuhe am Tag?

Wie viele **Stunden** am Tag trägt er die Hausschuhe?

Trägt er die Hausschuhe auch beim **nächtlichen Toilettengang**?

Wo stehen die Hausschuhe, wenn er das Haus **verlässt**?

Glauben Sie, es würde ihm etwas ausmachen, seine **Gewohnheiten** in dieser Hinsicht zu ändern und ein Paar Hausschuhe **regelmäßig** zu tragen?

3 Pflege / Kümmern

Was sind Ihre größten **Sorgen** in Bezug auf den Senior bzw. dessen Pflege?

Welche potenziellen **Gefahren** (Brand, nicht abgeschlossen, weggelaufen, …) fürchten Sie am meisten?

Wo würden Sie sich mehr **Unterstützung** wünschen? Was könnte Ihnen die Pflege **erleichtern**?

4 Einstellung zu Technik und entsprechenden AAL-Produkten

Welche modernen **technischen Geräte** wie PC, Handy, Smartphone, Tablet usw. nutzen Sie?

Was ist für Sie bei neuen technischen Geräten besonders **wichtig**?

Haben Sie sich schon einmal über Produkte **informiert**, die Angehörige bei der Pflege oder Ältere in ihrem Alltag unterstützen?

Wie haben Sie das getan?
Über **welche Produkte** haben Sie sich genau informiert?
Was war Ihr **Eindruck** von den entsprechenden Produkten?
Was hat Sie zum Kauf **bewegt**/davon **abgehalten**?
Welche **Informationen** hätten Sie sich **zusätzlich** gewünscht?

Kauf(-entscheidung)

Wo würden Sie **Informationen** zu Assistenzprodukten suchen?

Welche **Rolle** spielen Sie im **Entscheidungsprozess**?

Wo würden Sie sich **Rat** und **Empfehlungen** einholen (Arzt, Pflegedienst, Bekannte)?

Welche **Rolle** spielt der Senior im **Entscheidungsprozess**?

Wer würde letztlich die **Kaufentscheidung** treffen?

An welchem **Ort** würden Sie vermuten, solche Produkte kaufen zu können?

Wo wäre es für Sie am **angenehmsten**, solche Produkte zu kaufen?

Auf was würden Sie beim Kauf besonders **achten**?

5 Zum Produkt "FamilyNet"

- Vorstellung des Produkts -

Wie gefällt Ihnen die **Idee** des Produkts? Welche **Vorteile** sehen Sie? Welche **Bedenken** haben Sie?

Wovon würde Ihre **Entscheidung** für oder gegen das Produkt abhängen?

Was denken Sie, wie Ihr Senior ein solches Produkt **beurteilen** würde? Was könnten **Gründe** für seine (positive/negative) Beurteilung sein?

Wäre es Ihnen lieber, die Sensoren befänden sich in einem **anderen Kleidungsstück** oder an einem anderen **Ort in der Wohnung**?

Trauen Sie Ihren Senioren das eigenständige Anschließen an die **Ladestation** zu?

Falls nein: Könnten Sie das **übernehmen**?
Wie wichtig wäre es Ihnen, dass das Produkt **nicht** (in Abständen von einigen Wochen) **aufgeladen** werden muss?

Wie wichtig wäre es Ihnen, dass das Produkt auch **außerhalb** der Wohnung Alarme sendet?

Wer könnte (außer Ihnen) **Notrufe** entgegennehmen und nach dem Rechten sehen?

Wie beurteilen Sie die Tatsache, dass **keine Pflegeleitstelle** eingebunden ist, sondern die Daten direkt an Sie gesendet werden?

6 Könnten Sie sich vorstellen, in höherem Alter selbst ein solches Produkt zu benutzen?

Warum nicht?

7 Persönliche Angaben

Wie **alt** sind Sie?

Wie weit **entfernt** wohnt die betroffene Person?

In welcher familiären **Beziehung** stehen Sie zu der betroffenen Person?

Wie **alt** ist die betroffene Person?

Lebt die betroffene Person **alleine**?

Wie lange schon?

Anlage B Leitfaden-Fragebogen an professionelle Experten

Fragen an Experten

Es gibt keine richtigen oder falschen Antworten, sondern es geht darum, Ihre Meinung und Einschätzungen zu gewissen Themen zu hören.

Eigene Tätigkeit

Inwiefern stehen Sie im Rahmen Ihrer beruflichen Tätigkeit in **Kontakt zu älteren Menschen?**

Zur Lebenssituation der Betroffenen

Wie sieht der **gewöhnliche Tagesablauf** der Betroffenen aus?

Wie oft und wie lange sind die Senioren außer Haus?

Wie gut kommen die Senioren alleine zurecht? Was sind ihre größten **Probleme** und **Sorgen** im **Alltag**?

Wie oft **stürzen** die Senioren?

Wie konnten die Senioren sich aus der Situation helfen (aufstehen/Hilferuf/gefunden worden)?
Was waren die **Folgen** des Sturzes?
In wie vielen Haushalten gibt es **Hilfseinrichtungen** für solche Fälle?
Wie **zufrieden** sind die Betroffenen damit?

Wie schätzen Sie die **Einstellung** der Senioren zu neuer **Technik** ein?

Was ist für die Senioren bei neuen technischen Geräten besonders **wichtig**?

Hausschuhe

Wie viele der Senioren tragen Hausschuhe?

Falls ja:

Wie viel **verschiedene Paare** besitzen die Senioren?

Wie viele **Stunden am Tag** tragen die Senioren die Hausschuhe?

Wo stehen die Hausschuhe, wenn die Senioren das Haus verlassen?

Werden die Hausschuhe auch beim **nächtlichen Toilettengang** getragen?

Glauben Sie, es würde ihm etwas ausmachen, seine **Gewohnheiten** in dieser Hinsicht zu ändern und ein Paar Hausschuhe regelmäßig zu tragen?

Sehen Sie einen **Zusammenhang** zwischen dem Trageverhalten von Hausschuhen und **Stürzen**?

Situation der Angehörigen

Was sind die größten **Sorgen** der Angehörigen in Bezug auf den Senior und dessen Pflege? Welche **Gefahren** fürchten die Angehörigen am meisten?

Wo wünschen sich die Angehörigen mehr **Unterstützung**?

Was denken Sie, wie viele Angehörige sich bereits zu **technischer Unterstützung** für die Betreuung der Senioren **informiert** haben?

Was denken Sie, wo Angehörige nach **Informationen suchen** würden?
Was denken Sie, was Angehörige zum Kauf bewegt/abgeschreckt hat?
Was denken Sie, auf was Angehörige beim Kauf besonders achten?
Was denken Sie, wie der **Entscheidungsprozess** aussieht und wer dabei welche Rolle einnimmt?
Was denken Sie, wo es für Angehörige/Betroffene am angenehmsten wäre, solche **Produkte zu kaufen**?

Einstellung zu Technik und entsprechenden Produkten

Haben Sie sich schon einmal über **technische Assistenz-Produkte** informiert?

Wie haben Sie das getan?
Was ist Ihre **Meinung** zu den angebotenen **Produkten**?

Zum Produkt "FamilyNet"

- Vorstellung des Produkts -

Wie gefällt Ihnen die **Idee** des Produkts? Welche **Vorteile** sehen Sie? Welche **Bedenken** haben Sie?

Was denken Sie, wie Angehörige/Senioren ein solches Produkt **beurteilen** würde? Was könnten **Gründe** für seine (positive/negative) Beurteilung sein?

Denken Sie, es wäre geeigneter, wenn sich die Sensoren in einem **anderen Kleidungsstück** befänden?

Trauen Sie den Senioren das **eigenständige Anschließen** an die Ladestation zu?

Falls nein: Wer könnte das für die Senioren **übernehmen**? Wie problematisch wäre es, jemand zu finden, der dies tut?

Was denken Sie, wie wichtig es den Angehörigen/Betroffenen wäre, dass das Produkt **nicht** (in Abständen von einigen Wochen) **aufgeladen** werden muss?

Wie beurteilen Sie die Tatsache, dass **keine Pflegeleitstelle** eingebunden ist, sondern die Daten direkt an die Angehörigen gesendet werden?

Würden Sie selbst ein solches Produkt **empfehlen**?

Wer kommt aus Ihrer Sicht als **Zielgruppe** für das Produkt in Frage?

Wie könnte man ein solches Produkt **am besten an die Käufer** bringen?

Wie beurteilen Sie die **Markt-** und **Nachfrageentwicklung** für dieses Produkt und für AAL-Produkte im Allgemeinen?

Welche **Anforderungen/Aufgaben** müssen AAL-Produkte künftig erfüllen?

Könnten Sie sich vorstellen, dass Sie selbst in entsprechendem Alter ein solches Produkt zu benutzen?

Anlage C Leitfaden-Fragebogen an Betroffene

Fragen an Betroffene

Es gibt keine richtigen oder falschen Antworten, sondern es geht darum, Ihre Meinung und Einschätzungen zu gewissen Themen zu hören.

Tagesablauf

Wie sieht Ihr **gewöhnlicher Tagesablauf** aus? Wie gut kommen Sie alleine zurecht?

Wie oft und wie lange sind Sie außer Haus?

Wie gut kommen Sie alleine zurecht? Was sind Ihre größten **Probleme** und **Sorgen** in Ihrem **Alltag**?

Wobei würden Sie sich im Alltag mehr **Unterstützung** wünschen?

Sind Sie schon einmal **gestürzt**?

Wie konnten Sie sich aus der Situation helfen (aufstehen/Hilferuf/gefunden worden)?
Was waren die **Folgen** des Sturzes?

Welche **Unterstützungen** könnten Sie sich vorstellen, um Stürze oder deren Folgen (künftig) zu **verhindern**?

Falls vorhanden: Wie zufrieden sind Sie mit bestehenden **Hilfseinrichtungen**?

Wie regelmäßig pflegen Sie **Kontakt zu Ihren Angehörigen**? Wer **kümmert** sich sonst noch um Sie?

Technikeinstellung

Wie stehen Sie **neuer Technik** gegenüber?

Welche **Bedenken** haben Sie gegenüber neuer Technik?

Welche **modernen technischen Geräte** wie PC, Handy oder Smartphone benutzen Sie?

Was ist für Sie bei neuen technischen Geräten besonders **wichtig**?

Haben Sie sich schon einmal über technische Hilfsmittel für ältere Menschen **informiert**?

Wie haben Sie das getan?
Über **welche Produkte** haben Sie sich genau informiert?
Was war Ihr **Eindruck** von den entsprechenden Produkten?
Was hat Sie zum Kauf **bewegt**/davon **abgehalten**?
Welche **Informationen** hätten Sie sich **zusätzlich** gewünscht?

Hausschuhe

Tragen Sie Hausschuhe?

Falls ja:

Wie häufig **wechseln** Sie die (Haus-)Schuhe am Tag?

Wie viele **Stunden** am Tag tragen Sie die Hausschuhe?

Tragen Sie die Hausschuhe auch beim **nächtlichen Toilettengang**?

Wo stehen die Hausschuhe, wenn er das Haus **verlässt**?

Glauben Sie, es würde ihm etwas ausmachen, seine **Gewohnheiten** in dieser Hinsicht zu ändern und ein Paar Hausschuhe regelmäßig zu tragen?

Produkt "FamilyNet"

- Vorstellung des Produkts -

Wie gefällt Ihnen die **Idee** des Produkts? Welche **Vorteile** sehen Sie? Welche **Bedenken** haben Sie?

Wovon würde Ihre **Entscheidung** für oder gegen das Produkt abhängen?

Trauen Sie sich das eigenständige Anschließen an die **Ladestation** zu?

Falls nein: Wer könnte das für Sie **übernehmen**?
Wie wichtig wäre es Ihnen, dass das Produkt **nicht** (in Abständen von einigen Wochen) **aufgeladen** werden muss?

Wie wichtig wäre es Ihnen, dass das Produkt auch **außerhalb** der Wohnung Alarme sendet?

Was denken Sie, wie Ihre Angehörigen ein solches Produkt **beurteilen** würden? Wer könnte im **Notfall** informiert werden und nach dem Rechten sehen?

Persönliche Angaben

Wie **alt** sind Sie?

Wohnen Sie **alleine**?

Wie lange schon?

Wie weit **entfernt** wohnen Ihre Angehörigen?

Anlage D Produktvorstellung in Experteninterviews

Informationen zum Produkt

Sensoren in einer Schuhsohle bzw. zum Kleben auf die Schuhsohle:

Übermittlung von folgenden Werten:

- Aktivität
- Verhaltensauffälligkeiten
- Gesundheitszustand
- Sturzrisiko

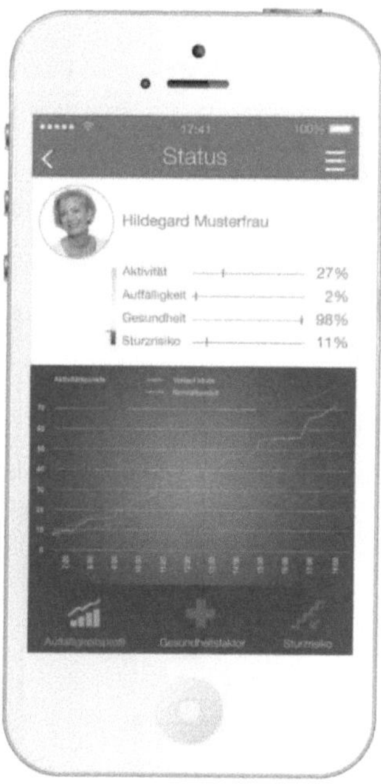

Zusätzliche Funktionen:

- Notruf bei Sturz
- Meldung bei Verschlechterung der Werte

Anlage E Statistiken zum Trageverhalten von Hausschuhen

Wer trägt Hausschuhe?

96 Befragte über 80 Jahre: 41 (42 %) Befragte tragen gelegentlich Hausschuhe. Von 20 ans Haus gefesselten Menschen tragen 16 Hausschuhe die meiste Zeit am Tag.[423]

Befragt wurden über 65-Jährige. 18,3 % (119 von 652 Antwortenden) trugen zum Zeitpunkt des Anrufs Hausschuhe.[424]

Eine Befragung von 128 älteren Leuten brachte zutage, dass 35 % der Männer und 38 % der Frauen Hausschuhe trugen (meistgetragener Schuhtyp).[425]

Unter den 1371 Befragten wurden v.a. Sportschuhe und Leinentuchschuhe („canvas shoes") getragen.[426]

„Bei relativ ortsgebundenen, ans Haus gefesselten Personen könnte erwartet werden, dass es hier üblicher ist, keine Schuhe zu tragen. Tatsächlich war dies mehr üblich bei Personen mit Gangabnormalitäten oder bei Personen, die eine mechanische Gehhilfe zumindest zeitweise benutzten."[427]

Zusammenfassend:

In der Literatur gibt es kaum belastbare Informationen zum Trageverhalten von (Haus-)Schuhen der Senioren. Letztlich können die Studien nur Indizien zu diesem Thema liefern, da die Stichproben sehr unterschiedlich umfangreich sind und aus verschiedenen Altersgruppen bestehen. Zudem sind die Studien teilweise sehr alt.

Die Rate der Schuhträger über 65 Jahren beträgt laut Studien zwischen 18 und 42 %. Dabei ist nicht berücksichtigt, ob die Hausschuhe regelmäßig getragen werden, ob es sich immer um das gleiche Paar Schuhe handelt und ob die Innensohle herausnehmbar ist.

Letztlich bestehen die Bedenken, dass zu wenig Senioren Hausschuhe so regelmäßig tragen, dass der Einsatz von *FamilyNet* sinnvoll ist, weiter.

---

423 Vgl. White et al. 1989.

424 Vgl. Dunne et al. 1993: S. 245.

425 Vgl. Munro BJ, Steele JR. Househould-shoe wearing and purchasing habits. A survey of people aged 65 years and older. J Am Podiatr Med Assoc 1999; 89: 506-14. Zitiert nach: Sherrington et al. 2003: S. 312.

426 Vgl. Koepsell et al. 2004: S. 1499.

427 Vgl. Koepsell et al. 2004: S. 1500.

Literaturverzeichnis

Alber, Jens et al. (2004): Quality of Life in Europe. First Europan Quality Survey 2003. European Foundation for the Improvement of Living and Working Conditions (Hg.). URL: www.eurofound.europa.eu/pubdocs/2004/105/en/1/ef04105en.pdf [Stand: 22. März 2014].

Albers, Sönke (2001): „Marktdurchsetzung von technologischen Nutzeninnovationen". In: Hamel, Winfried/Gemünden, Hans Georg (Hg.): *Aussergewöhnliche Entscheidungen. Festschrift für Jürgen Hauschildt.* München: Vahlen, S. 513–546.

aproxima GmbH/Initiative Hausnotruf (Hg.) (2010): „Wirkungs- und Potenzialanalyse zum Hausnotruf in Deutschland". Weimar. URL: http://www.initiative-hausnotruf.de/fileadmin/inhalts_bilder_dateien/Downloads/Presse/Studie-HNR-Endbericht_01.pdf [Stand: 22. März 2014].

Assheuer, Thomas (2013): „NSA-Skandal. Mikrophysik der Macht". In: Die ZEIT, H. 3. URL: http://www.zeit.de/2013/31/nsa-ueberwachung-angst-kontrollgesellschaft/komplettansicht [Stand: 17. März 2014].

Atteslander, Peter (2010): Methoden der empirischen Sozialforschung. 13., neu bearb. und erw. Aufl. Berlin: Schmidt (= ESV basics).

Becker, Jens/Goletz, Ulrike (2012): „Governance- und Marktvoraussetzungen für Altersgerechte Assistenzsysteme – Herausforderungen an Theorie und Praxis". In: Gersch, Martin/Liesenfeld, Joachim (Hg.): *AAL-und E-Health-Geschäftsmodelle. Technologie und Dienstleistungen im demografischen Wandel und in sich verändernden Wertschöpfungsarchitekturen.* 1. Aufl.: Gabler Verlag, S. 241–263.

Berekoven, Ludwig/Eckert, Werner/Ellenrieder, Peter (2009): Marktforschung. Methodische Grundlagen und praktische Anwendung. 12., überarbeitete und erweiterte Auflage. Wiesbaden: Gabler Verlag / GWV Fachverlage GmbH Wiesbaden.

Betz, Detlef et al. (2010a): „Grundlegende Bedürfnisse potenzieller AAL-Nutzer und Möglichkeiten der Unterstützung durch moderne Technologien". In: Meyer, Sibylle/Mollenkopf, Heidrun (Hg.): *AAL in der alternden Gesellschaft - Anforderungen, Akzeptanz und Perspektiven. Analyse und Planungshilfe.* Berlin [u.a.]: VDE-Verl (= AAL-Schriftenreihe; 2), S. 40–62.

Betz, Detlef et al. (2010b): „Grundlegende Anforderungen an AAL-Techniken und -Systeme". In: Meyer, Sibylle/Mollenkopf, Heidrun (Hg.): *AAL in der alternden Gesellschaft -*

Anforderungen, Akzeptanz und Perspektiven. Analyse und Planungshilfe. Berlin [u.a.]: VDE-Verl (= AAL-Schriftenreihe; 2), S. 63–108.

BFW Arbeitskreis Seniorenimmobilien (Hg.) (2011): „BFW Arbeitskreis Seniorenimmobilien". URL: http://www.bfw-bund.de/fileadmin/user_upload/Dokumente/AK_Senioren immobilien/BFW_Brosch%C3%BCre_Seniorenimmobilien_2011_Internet_-_Stand_Juli_ 2011.pdf [Stand: 20. Februar 2014].

Bick, Markus/Kummer, Tyge-F./Rössig, Wiebke: Ambient Intelligence in Medical Environments and Devices. Qualitative Studie zu Nutzenpotentialen ambienter Technologien in Krankenhäusern. Europäische Wirtschaftshochschule Berlin (Hg.) (= ESCP-EAP Working Paper, 36). URL: http://www.escp-eap.eu/uploads/media/AIMED_04.pdf [Stand: 23. März 2014].

Bittner, Uta (2011): „Der "Silbermarkt": Chancen und Probleme einer Technisierung des alternden Lebens". In: Gross, Dominik (Hg.): *Technisierte Medizin - dehumanisierte Medizin? Ethische, rechtliche und soziale Aspekte neuer Medizintechnologien.* Kassel: kassel university press GmbH (= Medizin - Technik - Ethik; Bd. 1), S. 41–50.

BMBF/VDE Innovationspartnerschaft AAL (Hg.) (2011a): Ambient Assisted Living (AAL). Komponenten, Projekte, Services; eine Bestandsaufnahme. Berlin, Offenbach: VDE-Verl (= AAL-Schriftenreihe; 3).

BMBF/VDE Innovationspartnerschaft AAL (Hg.) (2011b): Qualitätskriterien im Umfeld von AAL. Produkte - Dienstleistungen - Systeme. Berlin, Offenbach: VDE-Verl (= AAL-Schriftenreihe; 6).

Bogner, Alexander (Hg.) (2002): Das Experteninterview. Theorie, Methode, Anwendung. Opladen: Leske und Budrich.

Bogner, Alexander/Menz, Wolfgang (2002a): „Expertenwissen und Forschungspraxis: modernisierungstheoretische und die methodische Debatte um die Experten. Zur Einführung in ein unübersichtliches Problemfeld". In: Bogner, Alexander (Hg.): *Das Experteninterview. Theorie, Methode, Anwendung.* Opladen: Leske und Budrich, S. 7–29.

Bogner, Alexander/Menz, Wolfgang (2002b): „Das theoriegenerierende Experteninterview. Erkenntnisinteresse, Wissensformen, Interaktion". In: Bogner, Alexander (Hg.): *Das Experteninterview. Theorie, Methode, Anwendung.* Opladen: Leske und Budrich, S. 33–70.

Bohsem, Guido/Öchsner, Thomas: „Deutschland kämpft bisher vergeblich gegen Pflegenotstand". Süddeutsche.de GmbH. URL: http://www.sueddeutsche.de/karriere/fachkraefte mangel-in-der-pflege-deutschland-kaempft-bisher-vergeblich-gegen-pflegenotstand-1.1768 493 [Stand: 13. März 2014].

Borgstedt, Silke: „Sinus-Milieus 50plus. Die Lebenswelten der Generation 50plus". URL: http://www.bkkmitte.de/uploads/media/_Lebenswelten_50plus_Handout.pdf [Stand: 03. November 2013].

Brosius, Felix (2013): SPSS 21. 1. Aufl. Heidelberg [u.a.]: mitp/bhv.

Bundesministerium der Justiz und für Verbraucherschutz (2009): Verordnung über Notruf verbindungen. NotrufV. URL: http://www.gesetze-im-internet.de/notrufv/BJNR048100009.html [Stand: 18. März 2014].

Bundesministerium für Bildung und Forschung (2008): Bundesregierung stärkt Forschung für ein besseres Leben im Alter. Bundesministerium für Bildung und Forschung, 15. Juli 2008. URL: http://www.bmbf.de/_media/press/pm_20080715-124.pdf.

Claßen, Katrin/Oswald, Frank/Wahl, Hans-Werner (2012): „Technikeinstellung und -bewertungen im mittleren und höheren Erwachsenenalter: Die Rolle von Psychologie und Technikgenerationen". In: *Technik für ein selbstbestimmtes Leben. Tagungsbeiträge.* Deutscher AAL-Kongress mit Ausstellung <5, 2012, Berlin>. Berlin, Offenbach: VDE-Verl.

Depner, Heiner et al. (2010): „Grundlegende Daten zu potenziellen AAL-Nutzern: Daten und Fakten". In: Meyer, Sibylle/Mollenkopf, Heidrun (Hg.): *AAL in der alternden Gesellschaft - Anforderungen, Akzeptanz und Perspektiven. Analyse und Planungshilfe.* Berlin [u.a.]: VDE-Verl (= AAL-Schriftenreihe; 2), S. 6–39.

Dressler, Matthias (Hg.) (2009): Zentrale Marketing-Aspekte im Public Health-Care. Word-of-Mouth (WoM) als Kommunikationsinstrument und die Akzeptanz der erweiterten Tarifwahl. Wiesbaden: Gabler Verlag / GWV Fachverlage GmbH, Wiesbaden (= Gabler Edition Wissenschaft).

Duller, Christine (2013): Einführung in die Statistik mit EXCEL und SPSS. Berlin, Heidelberg: Springer Berlin Heidelberg.

Dunne, R. G. et al. (1993): „Elderly persons' attitudes towards footwear--a factor in preventing falls". In: Public health reports (Washington, D 108, H. 2, S. 245–248.

Dykstra, Pearl A. (2009): „Older adult loneliness: myths and realities". In: European Journal of Ageing 6, H. 2, S. 91–100.

Engels, Dietrich et al. (2005): Möglichkeiten und Grenzen selbständiger Lebensführung in privaten Haushalten (MuG III). Schneekloth, Ulrich/Wahl, Hans-Werner (Hg.). München. URL: http://www.bmfsfj.de/doku/Publikationen/mug/01-Redaktion/PDF-Anlagen/gesamt dokument,property=pdf,bereich=mug,sprache=de,rwb=true.pdf [Stand: 22. März 2014].

Erichson, Bernd (2008): „Testmarktsimulation". In: Herrmann, Andreas (Hg.): *Handbuch Marktforschung. Methoden, Anwendungen, Praxisbeispiele.* 3., vollst. überarb. und erw. Aufl. Wiesbaden: Gabler, S. 983–1001.

Fachinger, Uwe (2013): „Zahlungsbereitschaft für assistierende Technologien: Eine Frage der Technikbereitschaft?" In: *Lebensqualität im Wandel von Demografie und Technik. 6. Deutscher AAL-Kongress mit Ausstellung, 22. - 23. Januar 2013, Berlin; Tagungsbeiträge.* Deutscher AAL-Kongress mit Ausstellung; Fraunhofer-Allianz Ambient Assisted Living. Berlin: VDE-Verl, S. 239–243.

Fachinger, Uwe et al. (2012): Ökonomische Potenziale altersgerechter Assistenzsysteme. Ergebnisse der "Studie zu Ökonomischen Potenzialen und neuartigen Geschäftsmodellem im Bereich Altersgerechter Assistenzsysteme. Universität Vechta, Institut für Gerontologie (Hg.). URL: http://partner.vde.com/bmbf-aal/Publikationen/studien/intern/Documents/VDE_PP_ AAL_%C3%96kon.%20Potenziale_RZ_oB.pdf [Stand: 23. März 2014].

Flick, Uwe (2007): Qualitative Sozialforschung. Eine Einführung. Orig.-Ausg., vollst. überarb. und erw. Neuausg. Reinbek bei Hamburg: Rowohlt-Taschenbuch-Verl. (= Rororo Rowohlts Enzyklopädie; 55694).

Friedewald, Michael (2010): Ubiquitäres Computing. Das "Internet der Dinge" - Grundlagen, Anwendungen, Folgen. Berlin: edition sigma (= Studien des Büros für Technikfolgen-Abschätzung beim Deutschen Bundestag; 31).

Friesdorf, Wolfgang/Heine, Achim/Mayer, Doris (2007): Sentha, seniorengerechte Technik im häuslichen Alltag. Ein Forschungsbericht mit integriertem Roman. Berlin, New York: Springer.

Gast, Robert (2013): „Der unsichtbare Pfleger". In: Die ZEIT, H. 02. URL: http://www. zeit.de/2013/02/Pflege-Technologie-Ambient-Assisted-Living/komplettansicht [Stand: 12. Oktober 2013].

Gaubinger, Kurt/Werani, Thomas/Rabl, Michael (2009): Praxisorientiertes Innovations- und Produktmanagement. Grundlagen und Fallstudien aus B-to-B-Märkten. 1. Aufl. Wiesbaden: Gabler.

Georgieff, Peter (2008): Ambient Assisted Living. Marktpotenziale IT-unterstützer Pflege für ein selbstbestimmtes Altern. MFG Stiftung Baden-Württemberg & Zentrum für Europäische Wirtschaftsforschung GmbH (ZEW) & Fraunhofer-Institut für System- und Innovations-forschung (Fraunhofer ISI) (Hg.) (= FAZIT Schriftenreihe, 17). URL: http://www.fazit-forschung.de/fileadmin/_fazit-forschung/downloads/FAZIT-Schriftenreihe_Band_17.pdf [Stand: 23. März 2014].

Gersch, Martin/Hewig, Michael (2012a): „AAL-Geschäftsmodelle im Gesundheitswesen - Eine empirisch gestützte Typologie relevanter Grundtypen ökonomischer Aktivitäten zur Nutzung von Ambient Assisted Living in sich verändernden Wertschöpfungsketten". In: Gersch, Martin/Liesenfeld, Joachim (Hg.): *AAL-und E-Health-Geschäftsmodelle. Technologie und Dienstleistungen im demografischen Wandel und in sich verändernden Wertschöpfungs-architekturen.* 1. Aufl.: Gabler Verlag, S. 3–26.

Gersch, Martin/Liesenfeld, Joachim (Hg.) (2012b): AAL-und E-Health-Geschäftsmodelle. Technologie und Dienstleistungen im demografischen Wandel und in sich verändernden Wertschöpfungsarchitekturen. 1. Aufl.: Gabler Verlag.

Gersch, Martin/Rüsike, Tilman (2011): Diffusionshemmnisse innovativer E-Health Anwen-dungen im deutschen Gesundheitswesen. Berlin. URL: http://www.wiwiss.fu-berlin.de/fachbereich/bwl/angeschlossene-institute/gersch/ressourcen/E-Health/Gersch-Ruesike_2011_Diffusionshemmnisse_innovativer_E-Health_Anwendungen_im_deutschen_Gesundheits wesen.pdf?1353071565 [Stand: 23. März 2014].

Gillert, Sonja (2013): „Japans Bevölkerung stirbt langsam aus". DIE WELT. URL: http://www.welt.de/politik/ausland/article117397916/Japans-Bevoelkerung-stirbt-langsam-aus.html [Stand: 19. Februar 2014].

Glende, Sebastian et al. (2011): „Erfolgreiche AAL-Lösungen durch Nutzerintegration. Ergebnisse der Studie ‚Nutzerabhängige Innovationsbarrieren im Bereich Altersgerechter Assistenzsysteme'".

Großklaus, Rainer H. G. (2008): Neue Produkte einführen. Wiesbaden: Springer Fachmedien.

Herrmann, Andreas (Hg.) (2008): Handbuch Marktforschung. Methoden, Anwendungen, Praxisbeispiele. 3., vollst. überarb. und erw. Aufl. Wiesbaden: Gabler.

Hertweck, Dieter (2010): Blue Ocean Strategy im Gesundheitswesen. Erste Marketingkonferenz Medizintechnik. Dresden.

Hofer, Kathrin (2011): „Assistive Technologien daheim. Sichtweisen Angehöriger im Stadt-Land-Vergleich". In: Moser-Siegmeth, Verena/Aumayr, Georg (Hg.): *Alter und Technik.* 1. Auflage. Wien: facultas wuv universitätsverlag, S. 101–114.

Hofer, Kathrin/Moser-Siegmeth, Verena (2011): „Soziale Isolation älterer Menschen". In: Moser-Siegmeth, Verena/Aumayr, Georg (Hg.): *Alter und Technik.* 1. Auflage. Wien: facultas wuv universitätsverlag, S. 25–38.

Huber, Patrik (2014): „Finanzierung der Pflege - Infos, Links & Buchtipps". URL: http://www.pflegeinfos.de/pflege-informationen-fuer-angehoerige/finanzierung.html [Stand: 14. März 2014].

Infratest Sozialforschung (2003): Hilfe- und Pflegebedürftige in Privathaushalten in Deutschland 2002. München. URL: http://www.bmfsfj.de/RedaktionBMFSFJ/Abteilung3/Pdf-Anlagen/hilfe-und-pflegebeduerftige-in-privathaushalten,property=pdf,bereich=bmfsfj, sprache=de,rwb=true.pdf [Stand: 22. März 2014].

Johnson, R. B./Onwuegbuzie, A. J. (2004): „Mixed Methods Research: A Research Paradigm Whose Time Has Come". In: Educational Researcher 33, H. 7, S. 14–26.

Kassner, Karsten/Wassermann, Petra (2002): „Nicht überall, wo Methode draufsteht, ist auch Methode drin. Zur Problematik der Fundierung von ExpertInneninterviews". In: Bogner, Alexander (Hg.): *Das Experteninterview. Theorie, Methode, Anwendung.* Opladen: Leske und Budrich, S. 95–111.

Keiser, Thomas (2012): „Die Entwicklung des AAL-Markts bis 2025 – Prognosen und Szenarien". In: *Technik für ein selbstbestimmtes Leben. Tagungsbeiträge.* Deutscher AAL-Kongress mit Ausstellung <5, 2012, Berlin>. Berlin, Offenbach: VDE-Verl.

Kim, W. Chan/Mauborgne, Renée (2005): Der blaue Ozean als Strategie. Wie man neue Märkte schafft, wo es keine Konkurrenz gibt. München, Wien: Hanser.

Kirchhoff, Sabine (2008): Der Fragebogen. Datenbasis, Konstruktion und Auswertung. 4., überarb. Aufl. Wiesbaden: VS, Verl. für Sozialwiss. (= Lehrbuch).

Knaup-Gregori, Petra/Schöpe, Lothar (Hg.) (2012): Von eingebetteten zu soziotechnischen Systemen. Potenzial und Forschungsbedarf auf dem Gebiet der IT im AAL-Umfeld; Positionspapier der AG Informationstechnik (IT) der BMBF/VDE Innovationspartnerschaft AAL. Berlin, Offenbach: VDE-Verl.

Koepsell, Thomas D. et al. (2004): „Footwear style and risk of falls in older adults“. In: Journal of the American Geriatrics Society 52, H. 9, S. 1495–1501.

Kramer, Birgit/Wahl, Hans-Werner/Plischke, Herbert (2013): „Die Akzeptanz neuer Technologien bei pflegenden Angehörigen von Menschen mit Demenz“. In: *Lebensqualität im Wandel von Demografie und Technik. 6. Deutscher AAL-Kongress mit Ausstellung, 22. - 23. Januar 2013, Berlin; Tagungsbeiträge.* Deutscher AAL-Kongress mit Ausstellung; Fraunhofer-Allianz Ambient Assisted Living. Berlin: VDE-Verl, S. 557–561.

Krivich, Michael (2014): „How can healthcare marketing become a blue ocean strategy?“ URL: http://healthcaremarketingmatters.blogspot.sg/2014/01/how-can-healthcare-marketing-become.html [Stand: 13. Februar 2013].

Kuhn, Jutta (2007): Markteinführung neuer Produkte. Wiesbaden: Deutscher Universitäts-Verlag GWV Fachverlage GmbH, Wiesbaden (= Gabler Edition Wissenschaft).

Kuß, Alfred (2012): Marktforschung. Grundlagen der Datenerhebung und Datenanalyse. 4., überarb. Aufl. Wiesbaden: Gabler Verlag.

Leissner, Stefanie (2014): „ZETTLER® CareConnect die Lösung für ein sicheres und langes Leben zu Hause“. URL: http://www.totalwalther.de/produkte/zettlercareconnect.htm [Stand: 10. März 2014].

Liesenfeld, Joachim/Loss, Kay (2012): „Innovative AAL- und E-Health-Dienstleistungen: Zusammenhänge zwischen technologischen Entwicklungen, Geschäftsmodellen und Governance“. In: Gersch, Martin/Liesenfeld, Joachim (Hg.): *AAL-und E-Health-Geschäftsmodelle. Technologie und Dienstleistungen im demografischen Wandel und in sich verändernden Wertschöpfungsarchitekturen.* 1. Aufl.: Gabler Verlag, S. 265–285.

Limbourg, Maria/Reiter, Karl (2002): „Unfälle und Sicherheit älterer Menschen“. In: Bundesministerium für Familie, Senioren, Frauen und Jugend (Hg.): *Mobilität und gesellschaftliche Partizipation im Alter:* W. Kohlhammer (= 230), S. 173–188.

Link, Norbert et al. (2013): „safe@home. Erste Erfahrungen aus dem Praxiseinsatz zur Notfallerkennung mit optischen Sensoren“. In: *Lebensqualität im Wandel von Demografie und*

Technik. 6. Deutscher AAL-Kongress mit Ausstellung, 22. - 23. Januar 2013, Berlin; Tagungsbeiträge. Deutscher AAL-Kongress mit Ausstellung; Fraunhofer-Allianz Ambient Assisted Living. Berlin: VDE-Verl, S. 152–156.

Linner, Thomas/Ellmann, Bernhard/Bock, Thomas (2011): „Ubiquitous Life Support Systems for an Ageing Society in Japan". In: Wichert, Reiner (Hg.): *Ambient Assisted Living.* 1., st Edition. Berlin: Springer (= Advanced technologies and societal change), S. 31–48.

Loeschcke, Gerhard/Pourat, Daniela/Marx, Lothar (2012): Barrierefreies Bauen, 2 Bde. [s.l.]: Beuth.

Lüdecke, Daniel/Mnich, Eva (2009): „Vereinbarkeit von Beruf und Pflege - Unterschiede von pflegenden Männern und Frauen". In: Behrens, Johann (Hg.): *"Pflegebedürftig" in der "Gesundheitsgesellschaft".*

Lüthje, Christian (2008): „Adoption von Innovationen". In: Herrmann, Andreas (Hg.): *Handbuch Marktforschung. Methoden, Anwendungen, Praxisbeispiele.* 3., vollst. überarb. und erw. Aufl. Wiesbaden: Gabler, S. 1042–1072.

Mayer, K. U./Baltes, P. B. (Hg.): „Die Berliner Altersstudie (BASE) – Zentrale Ergebnisse". Berlin: Max Planck Institute for Human Development. URL: http://www.initiative-hausnotruf.de/fileadmin/inhalts_bilder_dateien/Downloads/Berliner_Altersstudie.pdf [Stand: 22. März 2014].

Menning, Sonja (2007): Haushalte, familiale Lebensformen und Wohnsituation älterer Menschen. Berlin: Deutsches Zentrum für Altersfragen (= 02). URL: http://www.dza.de/fileadmin/dza/pdf/GeroStat_Report_Altersdaten_Heft_2_2007.pdf [Stand: 22. März 2014].

Meuser, Michael/Nagel, Ulrike (2002): „ExpertInneninterviews - vielfach erprobt, wenig bedacht". In: Bogner, Alexander (Hg.): *Das Experteninterview. Theorie, Methode, Anwendung.* Opladen: Leske und Budrich, S. 71–93.

Meyer, Martha: Pflegende Angehörige in Deutschland. Überblick über den derzeitigen Stand und zukünftige Entwicklungen. URL: http://www.uke.de/extern/eurofamcare/documents/nabares/nabare_germany_de_final_a4.pdf [Stand: 22. März 2014].

Meyer, Sibylle/Mollenkopf, Heidrun (Hg.) (2010a): AAL in der alternden Gesellschaft - Anforderungen, Akzeptanz und Perspektiven. Analyse und Planungshilfe. Berlin [u.a.]: VDE-Verl (= AAL-Schriftenreihe; 2).

Meyer, Sibylle/Mollenkopf, Heidrun/Eberhardt, Birgid (2010b): „Folgerungen und Handlungsempfehlungen". In: Meyer, Sibylle/Mollenkopf, Heidrun (Hg.): *AAL in der alternden Gesellschaft - Anforderungen, Akzeptanz und Perspektiven. Analyse und Planungshilfe.* Berlin [u.a.]: VDE-Verl (= AAL-Schriftenreihe; 2), S. 123–133.

Meyer, Sibylle/Schulze, Eva (2010c): Smart home für ältere Menschen. Handbuch für die Praxis. Stuttgart: Fraunhofer-IRB-Verl. (= Bauforschung für die Praxis; Bd. 91).

Moser-Siegmeth, Verena/Aumayr, Georg (2011): „Mind the Gap - Herausforderung des Alterns an die Technik". In: Moser-Siegmeth, Verena/Aumayr, Georg (Hg.): *Alter und Technik.* 1. Auflage. Wien: facultas wuv universitätsverlag, S. 39–50.

Moser-Siegmeth, Verena/Aumayr, Georg (Hg.) (2011): Alter und Technik. 1. Auflage. Wien: facultas wuv universitätsverlag.

Mühlbacher, Axel C./Langkafel, Peter/Juhnke, Christin (2010): „Der private Haushalt als Gesundheitsstandort : theoretische und empirische Analysen". In: Fachinger, Uwe (Hg.): *Der private Haushalt als Gesundheitsstandort. Theoretische und empirische Analysen.* 1. Aufl. Baden-Baden: Nomos (= Europäische Schriften zu Staat und Wirtschaft; Bd. 31), S. 87–108.

Nitschke, Michel et al. (2013): „Subjektzentrierte Beratung älterer Menschen zur selbstbestimmten Nutzung von AAL-Technologien". In: *Lebensqualität im Wandel von Demografie und Technik. 6. Deutscher AAL-Kongress mit Ausstellung, 22. - 23. Januar 2013, Berlin; Tagungsbeiträge.* Deutscher AAL-Kongress mit Ausstellung; Fraunhofer-Allianz Ambient Assisted Living. Berlin: VDE-Verl, S. 341–344.

Noelle-Neumann, Elisabeth/Petersen, Thomas (2000): Alle, nicht jeder. Einführung in die Methoden der Demoskopie. 3. Aufl. Berlin [u. a.]: Springer.

Panek, Paul et al. (2011): „IKT als Unterstützung zur Selbstständigkeit". In: Moser-Siegmeth, Verena/Aumayr, Georg (Hg.): *Alter und Technik.* 1. Auflage. Wien: facultas wuv universitätsverlag, S. 81–97.

Pfadenhauer, Michaela (2002): „Auf gleicher Augenhöhe reden. Das Experteninterview - ein Gespräch zwischen Experte und Quasi-Experte". In: Bogner, Alexander (Hg.): *Das Experteninterview. Theorie, Methode, Anwendung.* Opladen: Leske und Budrich, S. 113–130.

Porsch, Katja/Reichelt, Christian/Rashid, Asarnusch (2013): „"Alter & Technik" Pilotprojekt des Landes Baden-Württemberg im Schwarzwald-Baar-Kreis". In: *Lebensqualität im Wandel von Demografie und Technik. 6. Deutscher AAL-Kongress mit Ausstellung, 22. - 23.*

Januar 2013, Berlin; Tagungsbeiträge. Deutscher AAL-Kongress mit Ausstellung; Fraunhofer-Allianz Ambient Assisted Living. Berlin: VDE-Verl, S. 83–86.

Raab-Steiner, Elisabeth/Benesch, Michael (2012): Der Fragebogen. Von der Forschungsidee zur SPSS-Auswertung. 3., aktualisierte und überarb. Aufl. Wien: Facultas-Verl (= UTB Schlüsselkompetenzen; 8406).

Resch, Katharina/Aumayr, Georg (2011): „Methodische Herausforderungen bei Befragungen von und Testungen mit vulnerablen, älteren Menschen ab 60". In: Moser-Siegmeth, Verena/Aumayr, Georg (Hg.): *Alter und Technik.* 1. Auflage. Wien: facultas wuv universitätsverlag, S. 129–142.

Rode-Schubert, Christina (Hg.) (2012): Ambient Assisted Living - ein Markt der Zukunft. Potenziale - Szenarien - Geschäftsmodelle. Berlin, Offenbach: VDE-Verl.

Rütten, Ingo (2012): „Wie kommen AAL-Innovationen zum Anwender? innovations2market schafft starke Marken und öffnet Märkte". In: *Technik für ein selbstbestimmtes Leben. Tagungsbeiträge.* Deutscher AAL-Kongress mit Ausstellung <5, 2012, Berlin>. Berlin, Offenbach: VDE-Verl.

Salvi, Dario et al. (2012): „EvAAL, Evaluating AAL Systems through Competitive Benchmarking, the Experience of the 1st Competition". In: Chessa, Stefano/Knauth, Stefan (Hg.): *Evaluating AAL Systems Through Competitive Benchmarking. Indoor Localization and Tracking.* Berlin, Heidelberg: Springer Berlin Heidelberg (= 309), S. 14–25.

Saurer, Michael: „Wirtschaft: Ab 2015: Rauchmelder-Pflicht bald für alle Wohnungen in Baden-Württemberg - badische-zeitung.de". Badische Zeitung. URL: http://www.badische-zeitung.de/rauchmelder-pflicht-bald-fuer-alle-wohnungen-in-baden-wuerttemberg [Stand: 13. März 2014].

Schelisch, Lynn/Spellerberg, Annette (2012): „Zwei Schritte vor und einer zurück? Zur Akzeptanz und Nutzung von AAL-Technik in Haushalten". In: *Technik für ein selbstbestimmtes Leben. Tagungsbeiträge.* Deutscher AAL-Kongress mit Ausstellung <5, 2012, Berlin>. Berlin, Offenbach: VDE-Verl.

Schwaiger, Manfred/Zimmermann, Lorenz (2009): „Quantitative Forschung: Ein Überblick". In: Schwaiger, Manfred/Meyer, Anton (Hg.): *Theorien und Methoden der Betriebswirtschaft.* 1. Aufl. München: Vahlen, Franz, S. 421–437.

Schwarzer, I. et al. (2012): „Handlungsempfehlungen zur Gestaltung von Geschäftsmodellen im ‚sozialen Umfeld' am Beispiel Partnerschaften, Nutzenversprechen und Kostenstruktur". In: *Technik für ein selbstbestimmtes Leben. Tagungsbeiträge.* Deutscher AAL-Kongress mit Ausstellung <5, 2012, Berlin>. Berlin, Offenbach: VDE-Verl.

Seidel, Hagen (2013): „Retouren und rote Zahlen – alles kein Problem". URL: http:// www.welt.de/wirtschaft/webwelt/article112912133/Retouren-und-rote-Zahlen-alles-kein-Problem.html [Stand: 13. März 2014].

Sengpiel, Michael (2013): „Das SMILEY-Projekt: Von der Anforderungsanalyse zu Apps für ein selbständiges Leben". In: *Lebensqualität im Wandel von Demografie und Technik. 6. Deutscher AAL-Kongress mit Ausstellung, 22. - 23. Januar 2013, Berlin; Tagungsbeiträge.* Deutscher AAL-Kongress mit Ausstellung; Fraunhofer-Allianz Ambient Assisted Living. Berlin: VDE-Verl, S. 226–227.

Sherrington, Catherine/Menz, Hylton B. (2003): „An evaluation of footwear worn at the time of fall-related hip fracture". In: Age und Ageing, H. 32, S. 310–314.

Siegemund, Carsten (2008): Blue Ocean Strategy for small and mid-sized companies in Germany. Development of a consulting approach. 1. Auflage. Hamburg: Diplomica-Verl.

Statistisches Bundesamt (2013): Pflegestatistik 2011. Statistisches Bundesamt (Hg.). Wiesbaden. URL: https://www.destatis.de/DE/Publikationen/Thematisch/Gesundheit/Pflege/PflegeDeutschlandergebnisse5224001119004.pdf?__blob=publicationFile [Stand: 22. März 2014].

Statistisches Bundesamt (2009): Bevölkerung Deutschlands bis 2060. 12. koordinierte Bevölkerungsvorausberechnung. Statistisches Bundesamt (Hg.). Wiesbaden. URL: https://www.destatis.de/DE/Publikationen/Thematisch/Bevoelkerung/VorausberechnungBevoelkerung/BevoelkerungDeutschland2060Presse5124204099004.pdf?__blob=publicationFile [Stand: 22. März 2014].

Statistisches Bundesamt (2011): Im Blickpunkt. Ältere Menschen in Deutschland und der EU. Statistisches Bundesamt (Hg.). Wiesbaden. URL: https://www.destatis.de/DE/Publikationen/Thematisch/Bevoelkerung/Bevoelkerungsstand/BlickpunktAeltereMenschen1021221119004.pdf?__blob=publicationFile [Stand: 22. März 2014].

Steinhage, A./Lauterbach, C. (2012): „Markteinführung eines AAL-Produkts aus Hersteller- und Kundensicht: Praxiserfahrungen mit der SensFloor-Matte". In: *Technik für ein selbstbestimmtes Leben. Tagungsbeiträge.* Deutscher AAL-Kongress mit Ausstellung <5, 2012, Berlin>. Berlin, Offenbach: VDE-Verl.

Story, Molly Follette (1998): „Maximizing Usability: The Principles of Universal Design". In: Assistive Technology 10, H. 1, S. 4–12.

Theussig, Sören (2012): „AAL für ALLE? Nutzerakzeptanz-Steigerung von altersgerechten Assistenzsystemen (AAL) durch den Ansatz des Universal Design und Nutzerintegration". Berlin. URL: http://nullbarriere.de/aal-fuer-alle.htm [Stand: 20. März 2014].

Theussig, Sören (2013): „Technische Unterstützung für den Alltag im Alter - Chancen und Herausforderungen für die AAL-Branche". URL: http://nullbarriere.de/files/pdf/wissenswert/technische-unterstuetzung-fuer-den-alltag-im-alter.pdf [Stand: 21. März 2014].

Vahs, Dietmar/Brem, Alexander (2012): Innovationsmanagement. Von der Idee zur erfolgreichen Vermarktung. 4., überarb. Aufl. Stuttgart: Schäffer-Poeschel.

Vanderheiden, Gregg C. (1998): „Universal Design and Assistive Technology in Communication and Information Technologies: Alternatives or Complements?" In: Assistive Technology 10, H. 1, S. 29–36.

Voß, Reiner/Brandt, Martina/Voß, Brunhilde (2003): „Analyse der Determinanten der Technikaufgeschlossenheit und des Nachfrageverhaltes in Bezug auf seniorengerechte Technik - untersucht in den Anwendungsbereichen Mobilität, Kommunikation und Haushalt". In: Giesecke, Susanne (Hg.): *Technikakzeptanz durch Nutzerintegration? Beiträge zur Innovations- und Technikanalyse.* Teltow, S. 57–73.

Wessig, Kerstin (2011): „Telemonitoring und Ambient Assisted Living: Anforderungen und Visionen". In: Picot, Arnold/Braun, Günter (Hg.): *Telemonitoring in Gesundheits- und Sozialsystemen.* Berlin, Heidelberg: Springer Berlin Heidelberg, S. 69–81.

White, E./Mulley, G. (1989): „Footwear worn by the over 80's: a community survey". In: Clinical Rehabilitation 3, H. 1, S. 23–25.

Willmanns, Rainer/Hehl, Walter (2009): Paradoxa und Praxis im Innovationsmanagement. Wie verhindert man, zugrunde zu gehen, weil man das Richtige zu lange macht? München: Hanser.

Wöckl, Bernhard/Tscheligi, Manfred (2011): „Usability für SeniorInnen". In: Moser-Siegmeth, Verena/Aumayr, Georg (Hg.): *Alter und Technik.* 1. Auflage. Wien: facultas wuv universitätsverlag, S. 57–67.

Wybranietz, Aline/Löhrke, Enrico (2013): „AAL in der Praxis eines sozialen Dienstleisters – Erfahrungsbericht aus dem SAMDY-Projekt". In: *Lebensqualität im Wandel von Demografie und Technik. 6. Deutscher AAL-Kongress mit Ausstellung, 22. - 23. Januar 2013, Berlin; Tagungsbeiträge.* Deutscher AAL-Kongress mit Ausstellung; Fraunhofer-Allianz Ambient Assisted Living. Berlin: VDE-Verl, S. 513–516.

Zolnowski, Andreas/Böhmann, Tilo (2012): „Geschäftssystem zur kooperativen Entwicklung technikbasierter Dienstleistungen". In: Gersch, Martin/Liesenfeld, Joachim (Hg.): *AAL-und E-Health-Geschäftsmodelle. Technologie und Dienstleistungen im demografischen Wandel und in sich verändernden Wertschöpfungsarchitekturen.* 1. Aufl.: Gabler Verlag, S. 83–110.

o.V. (2014): „Künftig Laufkomfort per App". In: DIE RHEINPFALZ, 25. Februar 2014 47. URL: http://www.rheinpfalz.de/cgi-bin/cms2/cms.pl?cmd=showMsg&tpl=rhpMsg_thickbox.html&path=/rhp/lokal/pir&id=91-35727841 [Stand: 13. März 2014].

o.V. (2011): „Alarmbereit. Hausnotrufdienste. Das Deutsche Rote Kreuz liegt vorn. Der Notrufdienst vom Arbeiter-Samariter-Bund reagierte zu langsam.". In: Stiftung Warentest, H. 09, S. 82–87.

o.V.: „Systemlösungen in der Pflege". ADT Security Deutschland GmbH & TOTAL WALTHER GmbH. URL: http://www.totalwalther.de/Support/810238_APM_Broschuere_A4_4c_Final_LR.pdf [Stand: 18. März 2014].

o.V. (2013): „Seniorenbund-Bundestag IV: Khol: Die Erfolgsbilanz des Österreichischen Seniorenbundes 2009 - 2013". APA-OTS Originaltext-Service GmbH. URL: http://www.ots.at/presseaussendung/OTS_20130906_OTS0205/seniorenbund-bundestag-iv-khol-die-erfolgsbilanz-des-oesterreichischen-seniorenbundes-2009-2013 [Stand: 22. März 2014].

o.V.: „Wie funktioniert's? | Hausnotruf | BRK Kreisverband München". Bayerisches Rotes Kreuz München. URL: http://hausnotruf.brk-muenchen.de/hausnotruf/wie-funktionierts/ [Stand: 20. März 2014].

o.V. (2008): „Bekanntmachung - Forschung - BMBF". Bundesministerium für Bildung und Forschung. URL: http://www.bmbf.de/foerderungen/12576.php [Stand: 18. März 2014].

o.V. (2010): Potenziale nutzen - die Kundengruppe 50plus. 1. Aufl. Bundesministerium für Familie, Senioren, Frauen und Jugend (Hg.). URL: http://www.bmfsfj.de/RedaktionBMFSFJ/Broschuerenstelle/Pdf-Anlagen/potentiale-nutzen-lang,property=pdf,bereich=bmfsfj,sprache=de,rwb=true.pdf [Stand: 21. März 2014].

o.V. (2012): „Bevölkerung nach Altersgruppen und Geschlecht | bpb“. Bundeszentrale für politische Bildung. URL: http://www.bpb.de/nachschlagen/zahlen-und-fakten/soziale-situation-in-deutschland/61538/altersgruppen [Stand: 18. März 2014].

o.V. (2013): Lebensqualität im Wandel von Demografie und Technik. 6. Deutscher AAL-Kongress mit Ausstellung, 22. - 23. Januar 2013, Berlin; Tagungsbeiträge. Deutscher AAL-Kongress mit Ausstellung; Fraunhofer-Allianz Ambient Assisted Living. Berlin: VDE-Verl.

o.V. (2012): Technik für ein selbstbestimmtes Leben. Tagungsbeiträge. Deutscher AAL-Kongress mit Ausstellung <5, 2012, Berlin>. Berlin, Offenbach: VDE-Verl.

o.V. (2012): „Flyer HANS“. Deutsches Rotes Kreuz Kreisverband Karlsruhe e.V. URL: http://www.drk-karlsruhe.de/fileadmin/Angebote/Dateien_zum_Herunterladen/Flyer_HANS_final.pdf [Stand: 10. März 2014].

o.V. (2010): „DRK-Notruf-Fax“. Deutsches Rotes Kreuz Kreisverband Karlsruhe e.V. URL: http://www.drk-karlsruhe.de/fileadmin/Angebote/rettung/notruf-fax.pdf [Stand: 20. März 2014].

o.V.: „openPR - Der Schuhmarkt im Wandel - neues Kaufverhalten stellt Branche vor Herausforderungen - Pressemitteilung von dynamic technologies GmbH, Köln“. dynamic technologies GmbH. URL: http://www.openpr.de/news/741457/Der-Schuhmarkt-im-Wandel-neues-Kaufverhalten-stellt-Branche-vor-Herausforderungen.html [Stand: 18. März 2014].

o.V. (2009): „Einstellungen zum Thema 'Hausnotruf'“. forsa - Gesellschaft für Gesellschaft und statistische Analyse mbH. URL: http://web40.s128.typo3server.com/fileadmin/inhalts_bilder_dateien/Downloads/Forsa-Umfrage.pdf [Stand: 19. März 2014].

o.V. (2007): „Hilfsmittelverzeichnis des GKV-Spitzenverbandes. Produktgruppe: 52 'Pflegehilfsmittel zur selbständigeren Lebensführung/Mobilität'“. GKV Spitzenverband. URL: https://hilfsmittel.gkv-spitzenverband.de/HimiWeb/produktartlisteZurPG_input.action?paramGruppeId=36 [Stand: 14. März 2014].

o.V.: „Hausnotruf für Senioren - ASB“. Informationen des Arbeiter-Samariter-Bundes Deutschland e.V. URL: http://www.asb.de/hausnotruf/ [Stand: 20. März 2014].

o.V.: „Limmex | Notruf-Uhr | Im Notfall Hilfe auf Knopfdruck". Limmex AG. URL: https://www.limmex.com/de/de [Stand: 20. März 2014].

o.V.: „Uhrenmodelle | Limmex | Notruf-Uhr | Im Notfall Hilfe auf Knopfdruck". Limmex AG. URL: https://www.limmex.com/de/de/products/watches#product-25 [Stand: 20. März 2014].

o.V. (2014): „Limmex | Notruf-Uhr | Im Notfall Hilfe auf Knopfdruck". Limmex AG. URL: https://www.limmex.com/de/de/about/news_and_press [Stand: 10. März 2014].

o.V.: „Daheim alt werden. Senioren wollen in eigener Wohnung bleiben". N24. URL: http://www.n24.de/n24/Wissen/Wohnen/d/3854024/senioren-wollen-in-eigener-wohnung-bleiben.html [Stand: 22. Februar 2014].

o.V.: „Schwechater eShoe soll vermarktet werden". Stadtgemeinde Schwechat. URL: http://www.schwechat.gv.at/de/aktuelles/965/Schwechater-eShoe-soll-vermarktet-werden [Stand: 10. März 2014].

o.V.: „Innovationspartnerschaft AAL - Selbstverständnis". VDE Verband Elektrotechnik Elektronik Informationstechnik e.V. URL: http://partner.vde.com/bmbf-aal/About_us/Pages/default.aspx [Stand: 18. März 2014].

o.V.: „AAL-Steckbriefe Alphabetisch". VDE Verband Elektrotechnik Elektronik Informationstechnik e.V. URL: http://partner.vde.com/bmbf-aal/AAL-Steckbriefe/Pages/Alphabetisch.aspx [Stand: 18. März 2014].

o.V. (2011): „Deichmann im Preiskampf. Schuhhändler setzt Konkurrenz". WELT KOMPAKT. URL: http://www.welt.de/print/welt_kompakt/print_wirtschaft/article12418498/Deichmann-im-Preiskampf.html [Stand: 19. März 2014].

o.V. (2007): „Xybermind, Laufanalyse, Bewegungsanalyse, Ganganalyse f. Running u.Nordic Walking Schuhe". Xybermind GmbH. URL: http://xybermind.net/index.htm [Stand: 28. Februar 2014].

MARKETING, IT UND SOCIAL MEDIA

Herausgegeben von Prof. Dr. Stefanie Regier, Karlsruhe

Band 5
Kevin Krüger und Stefanie Regier
Marken in Social Networks – Eine empirische Untersuchung im Konsumgüterbereich
Lohmar – Köln 2012 • 148 S. • € 43,- (D) • ISBN 978-3-8441-0123-2

Band 6
Tobias Kopp und Jürgen Schöchlin
Die Arztpraxis der Zukunft – Ein ganzheitliches IT-Konzept zur Unterstützung der ambulanten Gesundheitsversorgung
Lohmar – Köln 2012 • 192 S. • € 39,- (D) • ISBN 978-3-8441-0144-7

Band 7
Stefanie Regier und Cengizhan Bulut
Co-Branding als strategische Option der Luxusmarkenführung – Eine empirische Untersuchung
Lohmar – Köln 2012 • 180 S. • € 48,- (D) • ISBN 978-3-8441-0184-3

Band 8
Alex Brjezovski, Stefanie Regier und Christian Schwab
Web Publishing der nächsten Generation – Eine empirische Untersuchung der Zukunftstrends des Content Managements im Web 2.0
Lohmar – Köln 2012 • 160 S. • € 47,- (D) • ISBN 978-3-8441-0211-6

Band 9
Lena Gribel und Stefanie Regier
Erfolgsfaktoren der Akzeptanz nachhaltiger Energietechnologien
Lohmar – Köln 2014 • 220 S. • € 55,- (D) • ISBN 978-3-8441-0321-2

Band 10
Tobias Kopp und Jürgen Schöchlin
Der intelligente Hausschuh im blauen Ozean – Eine empirische Untersuchung zur Markteinführung eines innovativen altersgerechten Assistenzsystems
Lohmar – Köln 2014 • 184 S. • € 48,- (D) • ISBN 978-3-8441-0347-2